Ingeniería y Arquitectura · 12

cuadernos para la docencia

Hidráulica e Hidrología para Ingenieros Civiles

Problemas Resueltos

Julio Pérez Sánchez (Coord.)

Patricia Jimeno Sáez

Adrián López Ballesteros

Gerardo Castellanos Osorio

Javier Melchor Senent Aparicio

ULPGC
Universidad de
Las Palmas de
Gran Canaria

Servicio de
Publicaciones y
Difusión Científica

2024

COLECCIÓN: CUADERNOS PARA LA DOCENCIA
RAMA DE CONOCIMIENTO: INGENIERÍA Y ARQUITECTURA · 12
HIDRÁULICA E HIDROLOGÍA PARA INGENIEROS CIVILES: PROBLEMAS RESUELTOS

HIDRÁULICA e Hidrología para Ingenieros Civiles : problemas resueltos / Julio Pérez Sánchez (coord.) ; Patricia Jimeno Sáez … [et al.]. -- Las Palmas de Gran Canaria : Universidad de Las Palmas de Gran Canaria, Servicio de Publicaciones y Difusión Científica, 2024

278 p.; 24 cm. -- (Cuadernos para la docencia. Ingeniería y Arquitectura; 12)

ISBN 978-84-9042-537-4

1. Hidráulica – Problemas y ejercicios 2. Ingeniería hidráulica – Problemas y ejercicios 3. Hidrología I. Pérez Sánchez, Julio, coord. II. Jimeno Sáez, Patricia (coaut.) III. Universidad de Las Palmas de Gran Canaria, ed. IV. Serie

532(076)

Thema: TGMF, PHDF, 4CT

La publicación de esta obra ha sido aprobada, tras recibir dictamen favorable en un proceso de evaluación interno, por el Consejo Editorial del Servicio de Publicaciones y Difusión Científica de la ULPGC

© del texto:
Julio Pérez Sánchez
Patricia Jimeno Sáez
Adrián López Ballesteros
Gerardo Castellanos Osorio
Javier Melchor Senent Aparicio

© de la edición:
Universidad de Las Palmas de Gran Canaria
Servicio de Publicaciones y Difusión Científica
https://spdc.ulpgc.es/
serpubli@ulpgc.es

Primera edición. Las Palmas de Gran Canaria, 2024

ISBN: 978-84-9042-537-4
ISBN (edición electrónica): 978-84-9042-538-1
Depósito Legal: GC 402-2024

Impresión:
Gráficas Atlanta, S.L.

Impreso en España. *Printed in Spain*

Índice

Introducción   9

Capítulo 1. Propiedades de los fluidos   11

1. Problema 1.1.   13

2. Problema 1.2.   15

3. Problema 1.3.   17

4. Problema 1.4.   21

5. Problema 1.5.   23

Capítulo 2. Hidrostática   25

1. Problema 2.1.   27

2. Problema 2.2.   32

3. Problema 2.3.   35

4. Problema 2.4.   37

5. Problema 2.5.   42

6. Problema 2.6.   47

7. Problema 2.7.   50

8. Problema 2.8.   52

9. Problema 2.9.   56

10. Problema 2.10.   60

Capítulo 3. Flotación   63

1. Problema 3.1.   65

2. Problema 3.2.   70

3. Problema 3.3.   73

4. Problema 3.4.   77

5. Problema 3.5.   80

6. Problema 3.6.   82

CAPÍTULO 4. ECUACIONES FUNDAMENTALES   85

1. Problema 4.1.   87

2. Problema 4.2.   90

3. Problema 4.3.   93

4. Problema 4.4.   95

5. Problema 4.5.   98

6. Problema 4.6.   101

7. Problema 4.7.   103

8. Problema 4.8.   107

9. Problema 4.9.   111

CAPÍTULO 5. FLUJO A PRESIÓN   113

1. Problema 5.1.   115

2. Problema 5.2.   119

3. Problema 5.3.   127

4. Problema 5.4.   131

5. Problema 5.5.   135

6. Problema 5.6.   139

7. Problema 5.7.   144

CAPÍTULO 6. IMPULSIÓN DE FLUIDOS   151

1. Problema 6.1.   153

2. Problema 6.2.   159

3. Problema 6.3.   161

4. Problema 6.4.   165

5. Problema 6.5.   169

6. Problema 6.6.   173

7. Problema 6.7.   177

CAPÍTULO 7. GOLPE DE ARIETE   183

1. Problema 7.1.   185

2. Problema 7.2.   188

3. Problema 7.3.   190

4. Problema 7.4.   194

5. Problema 7.5.   201

6. Problema 7.6.   207

CAPÍTULO 8. CANALES   213

1. Problema 8.1.   215

2. Problema 8.2.   218

3. Problema 8.3.   219

4. Problema 8.4.   222

5. Problema 8.5.   224

6. Problema 8.6.   226

5. Problema 8.7.   232

6. Problema 8.8.   237

CAPÍTULO 9. HIDROLOGÍA   245

1. Problema 9.1.   247

2. Problema 9.2.   249

3. Problema 9.3.   252

4. Problema 9.4.   255

5. Problema 9.5.   261

6. Problema 9.6.   264

7. Problema 9.7.   267

8. Problema 9.8.   269

9. Problema 9.9.   273

BIBLIOGRAFÍA   275

INTRODUCCIÓN

La hidráulica y la hidrología son disciplinas fundamentales dentro de la ingeniería civil. Su estudio y aplicación son esenciales para el diseño, construcción y mantenimiento de infraestructuras que interactúan con el agua, tales como sistemas de suministro de agua potable, drenaje urbano, canales, presas y obras de protección contra inundaciones. Este libro está diseñado para proporcionar a los estudiantes de grado en ingeniería civil una comprensión profunda y práctica de los conceptos más comunes en estas áreas.

La capacidad para analizar y resolver problemas en hidráulica e hidrología es crucial para cualquier ingeniero civil. El manejo adecuado del agua, tanto en cantidad como en calidad, es vital para el desarrollo sostenible y la protección del medio ambiente. Este libro tiene como propósito equipar a los futuros ingenieros civiles con las herramientas necesarias para enfrentar estos desafíos, desarrollando su capacidad analítica y su habilidad para aplicar conocimientos teóricos en situaciones prácticas.

Esperamos que este libro sea un recurso valioso en su formación académica y una guía útil en su futura carrera profesional. A través de la resolución de estos problemas, los estudiantes adquirirán una base sólida en hidráulica e hidrología, preparándolos para contribuir de manera efectiva al desarrollo y gestión de infraestructuras hidráulicas.

Capítulo 1
Propiedades de los fluidos

Problema 1.1.

Un bloque de 5 kg de masa desliza sobre un plano inclinado y es lubricado por una capa de aceite de 1.5 mm de espesor (µ = 0,25 kg/sm). El área de contacto entre el bloque y la capa de aceite es de 50 cm², siendo el ángulo de inclinación del plano de 20°. Asumiendo una distribución de velocidades lineal en la capa de aceite, calcular la velocidad del bloque.

Figura 1: Esquema de bloque sobre plano inclinado de Problema 1.1.

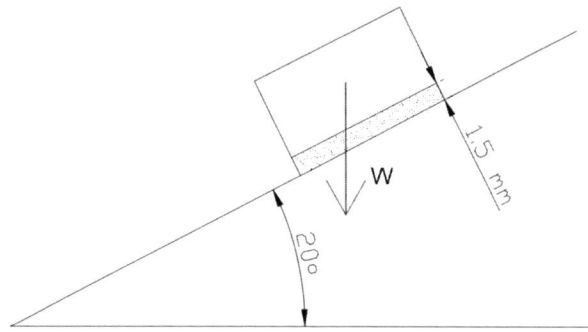

La fuerza que provoca el movimiento del bloque es la componente del peso del bloque paralela al plano de deslizamiento. Esta fuerza provoca una tensión tangencial que viene dada por la siguiente expresión:

$$\tau = \frac{F}{A} = \mu \cdot \frac{dv}{dy}$$

Donde F es la fuerza tangencial, A es el área de contacto, µ es la viscosidad dinámica y dv/dy es el gradiente de velocidades en el fluido de contacto. En este caso particular, sigue una ley lineal con la siguiente distribución:

Figura 2: Distribución de velocidades en capa de aceite de Problema 1.1.

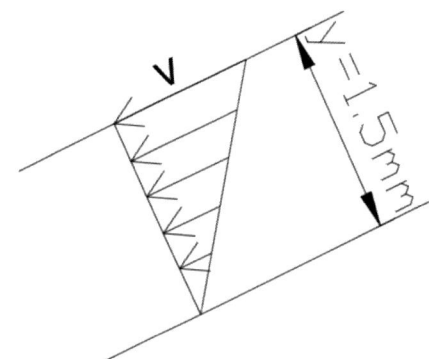

Donde v será la velocidad del fluido con su contacto con el bloque, que coincide con la propia velocidad del mismo. Además:

$$\frac{F}{A} = \frac{m \cdot g \cdot sen20^o}{A} = \frac{5 \cdot 9.81 \cdot sen20^o}{50 \cdot 10^{-4}} = \mu \cdot \frac{dv}{dy} = 0.25 \cdot \frac{v}{1.5 \cdot 10^{-3}}$$

v = 20.13 m/s

Problema 1.2.

Calcular la potencia necesaria para hacer girar a 250 r.p.m. un cilindro de 30 cm de diámetro en el interior de otro cilindro hueco de 80 cm de longitud relleno de un fluido de espesor 0.02 cm y viscosidad dinámica 0.05 kg/sm.

Figura 3: Esquema de cilindro rotando de Problema 1.2.

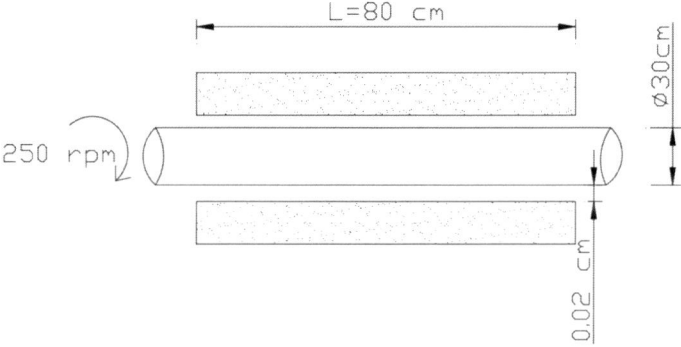

La potencia ejercida para rotar el cilindro a esa velocidad vendrá dada por la siguiente expresión:

$$P = F \cdot v$$

Donde F es la fuerza necesaria para rotar el cilindro en un medio con una viscosidad dada y v es la velocidad tangencial en las paredes del cilindro.
La velocidad tangencial en el perímetro del cilindro se obtendrá a partir de la velocidad angular:

$$v = \omega \cdot r$$

Donde ω es la velocidad angular en rad/s y r es el radio exterior del cilindro. La velocidad angular nos la proporcionan en revoluciones/minuto, por lo que procederemos a su conversión a rad/s:

$$250 \; \frac{revoluciones}{minuto} \cdot \frac{2\pi \; radianes}{1 \; revolución} \cdot \frac{1 \; minuto}{60 \; segundos} = 26.18 \; \frac{rad}{s}$$

Luego la velocidad tangencial en el exterior del cilindro será:

$$v = \omega \cdot r = 26.18 \cdot \frac{0.30}{2} = 3.93 \; \frac{m}{s}$$

La fuerza ejercida para vencer la resistencia que supone la viscosidad del fluido en la superficie exterior del cilindro será:

$$F = \tau \cdot A = \mu \cdot \frac{dv}{dy} \cdot A$$

Donde τ es la tensión tangencial en la pared del cilindro debido a la viscosidad del líquido con el que está en contacto, μ es la viscosidad dinámica del líquido, dv/dy es el gradiente de velocidad en el espacio ocupado por el fluido y A, es el área de contacto entre el fluido y el cilindro (área lateral del cilindro). El gradiente de velocidad vendrá dado por la diferencia de velocidades entre el líquido que está en contacto con el cilindro (velocidad tangencial calculada del cilindro) y el que está en contacto con el líquido en reposo (v= 0 m/s)

Figura 4: Distribución de velocidades en capa de fluido de Problema 1.2.

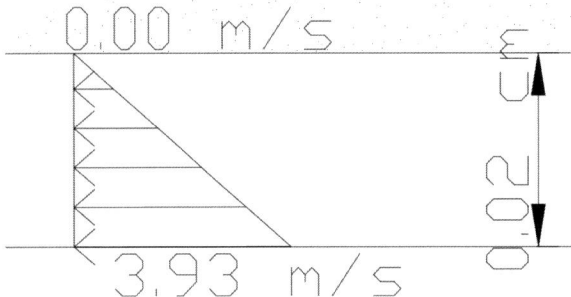

$$F = \mu \cdot \frac{dv}{dy} \cdot 2 \cdot \pi \cdot r \cdot L = 0.05 \cdot \frac{3.93}{0.0002} \cdot 2 \cdot \pi \cdot 0.15 \cdot 0.8 = 740.78 \, N$$

Luego la potencia necesaria será:

$$P = F \cdot v = 740.78 \cdot 3.93 = 2911.26 \, w$$

Problema 1.3.

Un cilindro circular metálico de 5 kg de masa y 200 mm de diámetro se introduce guiado por un eje en un recipiente cilíndrico de diámetro mayor en 2 mm en cuyo interior se han depositado 15,7 dm³ de un líquido de viscosidad cinemática 10^{-4} m²/s y densidad relativa 0,8. Determinar:

a) La posición de equilibrio.
b) Una vez alcanzada ésta, se hace girar el cilindro interior a 300 r.p.m. ¿Cuál será la potencia disipada por viscosidad?

Figura 5: Esquema de cilindro flotando de Problema 1.3.

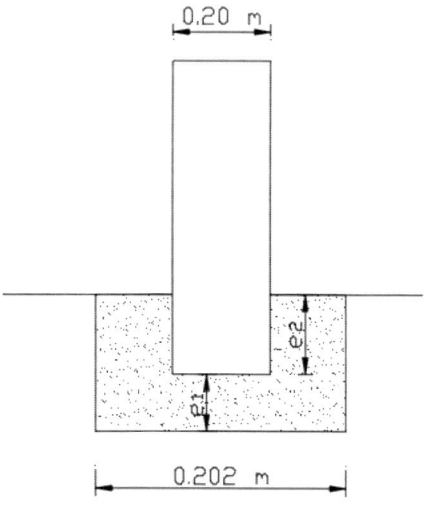

a) La posición de equilibrio.

En primer lugar, se determinará la profundidad del cilindro que se encuentra sumergido por equilibrio estático. Las únicas fuerzas que actúan sobre el cilindro son, su propio peso (W) y el empuje debido al volumen sumergido en el líquido:

$$\sum F_y = 0 = E - W = \gamma_l \cdot Vol_{sumergido} - m \cdot g = 0.8 \cdot 9810 \cdot \frac{\pi \cdot d^2}{4} \cdot e_2 - m \cdot g$$

$$= 0.8 \cdot 9810 \cdot \frac{\pi \cdot 0.2^2}{4} \cdot e_2 - 5 \cdot 9.81 = 0$$

$$e_2 = 0.20 \text{ m}$$

Figura 6: Esquema de fuerzas de cilindro de Problema 1.3.

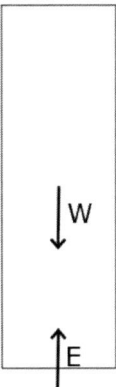

Para calcular el resto del líquido que se encuentra bajo el cilindro, haremos uso del volumen total que nos proporciona el enunciado:

$$V_T = \frac{15.7}{10^3} = \frac{\pi \cdot 0.202^2}{4} \cdot e_1 + \left(\frac{\pi \cdot 0.202^2}{4} - \frac{\pi \cdot 0.2^2}{4}\right) \cdot 0.2$$

$e_1 = 0.487$ m

b) Potencia disipada si gira a 300 r.p.m.

Para calcular la potencia disipada cuando gira el cilindro dentro del líquido se deberá conocer el momento necesario para imprimir este movimiento y vencer la resistencia de la viscosidad del líquido, tanto en las paredes del cilindro, como en su base.
En el caso de las paredes del cilindro, el momento necesario vendrá dado por la siguiente expresión:

$$M = F \cdot r - \mu \cdot -\frac{dv}{dr} \cdot A \cdot r = \mu \cdot -\frac{dv}{dr} \cdot 2 \cdot \pi \cdot r \cdot h \cdot r = \mu \cdot -\frac{dv}{dr} \cdot 2 \cdot \pi \cdot r^2 \cdot h$$

Donde r es la distancia desde el centro del cilindro móvil hasta el punto del líquido considerado en el espesor del fluido entre el cilindro móvil y el exterior fijo y h es la altura de líquido sumergido (e_2):

Figura 7: Planta de cilidro rotando de Problema 1.3.

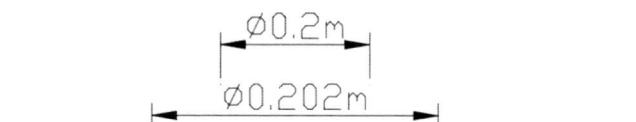

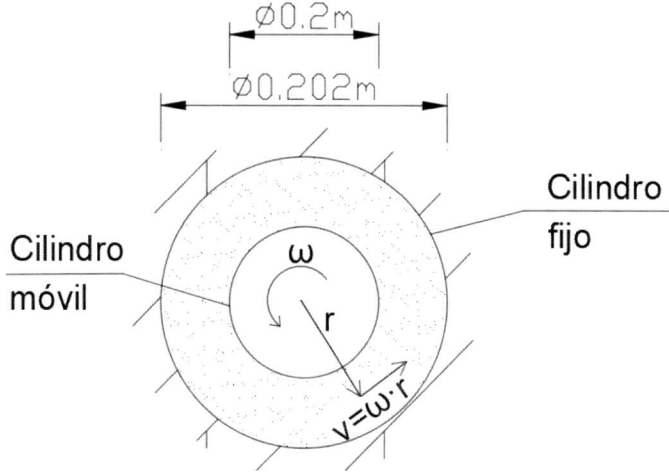

El gradiente de velocidad es negativo ya que conforme el radio crece disminuye la velocidad. Las velocidades lineales variarán entre v_1 (cilindro móvil) y v_2 (cilindro fijo), siendo:

$$v_1 = \omega \cdot r_1 = \frac{300}{60} \cdot 2 \cdot \pi \cdot 0.2 = 6.28 \, \frac{m}{s}$$

$$v_2 = 0 \, \frac{m}{s}$$

Por lo que el Momento necesario vendrá dado por:

$$M_1 \cdot \frac{dr}{r^2} = \mu \cdot -dv \cdot 2 \cdot \pi \cdot h$$

$$M_1 \int_{r_1}^{r_2} \frac{dr}{r^2} = \mu \cdot 2 \cdot \pi \cdot h \int_{v_1}^{v_2} -dv$$

$$M_1 \cdot \left[\frac{-1}{r} \right]_{r_1}^{r_2} = - \mu \cdot 2 \cdot \pi \cdot h \cdot [v]_{v_1}^{v_2}$$

La viscosidad dinámica se calcula a partir de la densidad y la viscosidad cinemática, quedando la expresión:

$$\mu = \rho \cdot \vartheta = 0.8 \cdot 1000 \cdot 10^{-4} = 0.08 \, kg \cdot \frac{m}{s}$$

$$M_1 = \frac{-\mu \cdot 2 \cdot \pi \cdot h \cdot [v_2 - v_1]}{\left[\frac{-1}{r_2} - \left(\frac{-1}{r_1}\right)\right]} = \frac{-0.08 \cdot 2 \cdot \pi \cdot 0.2 \cdot [0 - 6.28]}{\left[\frac{-1}{0.202} - \left(\frac{-1}{0.2}\right)\right]} = 12.74 \, N \cdot m$$

Para calcular el momento necesario en la base habrá de tenerse en cuenta, no sólo la distancia a la base inmóvil, sino también, la distancia al centro de la base móvil, de tal forma que:

Figura 8: Esquema en alzado y planta de elemento diferencial de Problema 1.3.

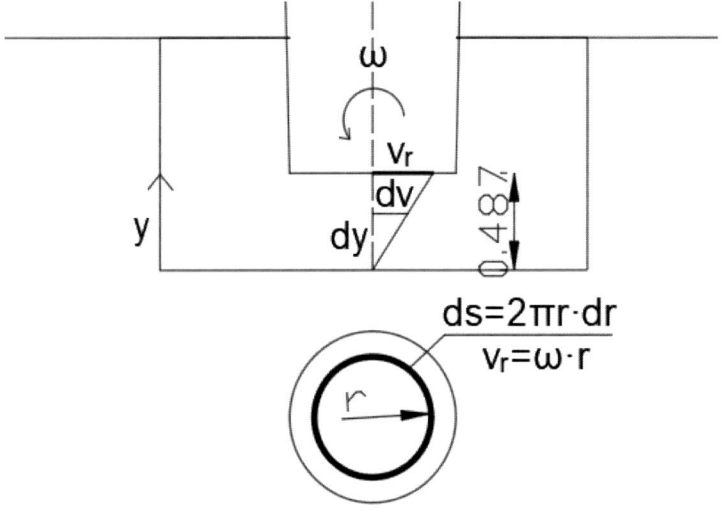

Estableciendo semejanza de triángulos en la anterior imagen entre velocidades, quedaría:

$$\frac{dv}{dy} = \frac{\omega \cdot r}{0.487}$$

Y el momento necesario para girar la base quedaría definido por la siguiente expresión:

$$dM_2 = dF \cdot r = \mu \cdot \frac{dv}{dy} \cdot ds \cdot r = \mu \cdot \frac{\omega \cdot r}{0.487} \cdot 2 \cdot \pi \cdot r \cdot dr \cdot r = \mu \cdot \frac{\omega \cdot 2 \cdot \pi}{0.487} \cdot r^3 \cdot dr$$

$$M_2 = \mu \cdot \frac{\omega \cdot 2 \cdot \pi}{0.487} \cdot \int_0^{0.2} r^3 \cdot dr = 0.08 \frac{\frac{300 * 2 \cdot \pi}{60} \cdot 2 \cdot \pi}{0.487} \left[\frac{r^4}{4}\right]_0^{0.2} = 0.013 \, N \cdot m$$

$$P = M \cdot \omega = (M_1 + M_2) \cdot \omega = (12.74 + 0.013) \cdot \frac{300 * 2 \cdot \pi}{60} = 400.44 \, w$$

20

Problema 1.4.

Calcular la presión en el océano a una profundidad de 1500 m, suponiendo
   a) que el agua salada es incompresible con densidad 1025 kg/m^3
   b) que el agua del mar es compresible y tiene un densidad en la superficie es de 1025 kg/m^3 K = 21000 kp/cm^2(constante).

a) agua salada es incompresible

Si se considera la incompresibilidad del agua salada, independientemente de la profundidad, la densidad del agua se mantendría constante, por lo que:

$$dp = \gamma \cdot dh = \rho \cdot g \cdot dh$$

$$\int dp = \int \rho \cdot g \cdot dh = \rho \cdot g \int dh =$$

$$\Delta p = p_2 - p_1 = p_2 = \rho \cdot g \cdot \Delta h = 1025 \cdot 9.81 \cdot 1500 = 15082875 \, Pa$$
$$= 15082.88 \, kPa$$

b) agua del mar es compresible

En este caso, la densidad va aumentando conforme aumenta la profundidad debido a la compresibilidad del agua, conforme a la relación siguiente:

$$K = \frac{dp}{\dfrac{d\rho}{\rho}} \rightarrow dp = K \frac{d\rho}{\rho}$$

Por lo que sustituyendo en
$$dp = \rho \cdot g \cdot dh$$
resultaría:
$$K \frac{d\rho}{\rho} = \rho \cdot g \cdot dh$$

$$\frac{K}{g} \frac{d\rho}{\rho^2} = dh$$

$$\int_{\rho_1}^{\rho_2} \frac{K}{g} \frac{d\rho}{\rho^2} = \int_0^{1500} dh$$

$$\left[-\frac{K}{\rho \cdot g} \right]_{\rho_1}^{\rho_2} = [h]_0^{1500}$$

Antes de resolver la anterior expresión, se pasa el coeficiente de compresibilidad al sistema Internacional (S.I.):

$$K = 21000 \frac{kp}{cm^2} \cdot \frac{9.81 \, N}{1 \, kp} \cdot \frac{10^4 cm^2}{m^2} = 2060.1 \cdot 10^6 \frac{N}{m^2}$$

$$\frac{2060.1 \cdot 10^6}{9.81} \cdot \left[-\frac{1}{\rho_2} - \left(-\frac{1}{1025} \right) \right] = 1500$$

$$\rho_2 = 1032.56 \frac{kg}{m^3}$$

Una vez conocida la densidad a 1500 m de profundidad, se obtendrá la presión a esa profundidad utilizando la definición de la compresibilidad del líquido:

$$dp = K \frac{d\rho}{\rho}$$

$$\int_{p_1}^{p_2} dp = \int_{\rho_1}^{\rho_2} K \frac{d\rho}{\rho}$$

$$[p]_{p_1}^{p_2} = K[ln\rho]_{\rho_1}^{\rho_2}$$

$$p_2 - p_1 = K \cdot (ln\rho_2 - ln\rho_1)$$

$$p_2 = 2060.1 \cdot 10^6 \cdot (ln1032.56 - ln1025) = 15138733.34 \, Pa = 15138.7 \, kPa$$

Problema 1.5.

Una esfera hueca indeformable de 2 m de diámetro se encuentra llena de agua. Se le conecta un tubo de 1 cm de diámetro y 10 m de altura con una válvula cerrada en su parte inferior. Se llena el tubo de agua y se abre la válvula. Se pide calcular la altura que alcanzará el agua en el tubo una vez alcanzada la posición de equilibrio. Módulo de compresibilidad del agua K = 21000 kp/cm²

Figura 9: Esquema de situaciones planteadas en el Problema 1.5.

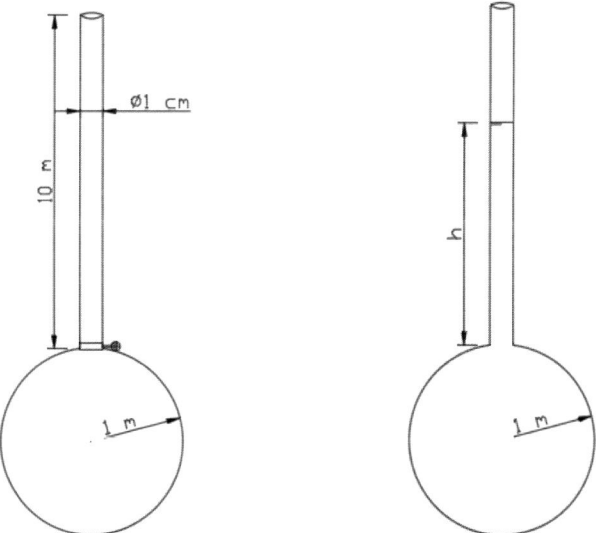

Cuando se abre la válvula existente al final del tubo, existe una altura h de fluido que ejerce una presión sobre el líquido contenido en la esfera, tal que parte del agua que antes se encontraba en la tubería (h-10) se alojará dentro de la esfera a una densidad mayor que la inicial, debido a la columna del líquido fuera de la misma. En primer lugar, se obtendrá el coeficiente de compresibilidad del agua en el S.I.

$$K = 21000 \frac{kp}{cm^2} \cdot \frac{9.81 \, N}{1 \, kp} \cdot \frac{10^4 cm^2}{m^2} = 2060.1 \cdot 10^6 \frac{N}{m^2}$$

Por otro lado, por definición el coeficiente de compresibilidad viene definido por:

$$K = \frac{dp}{\frac{d\rho}{\rho}} \rightarrow K \cdot \frac{d\rho}{\rho} = dp$$

La presión que se ejercerá por el líquido dentro de la columna de líquido vendrá dada por:

$$\Delta p = \gamma \cdot h = 9810 \cdot h \; (Pa)$$

Por otro lado, la densidad del agua en la esfera antes (0) y después (f) de conectar la tubería vendrá dada por la relación entre la masa del líquido dentro de la misma y el volumen de la esfera, que se considera constante:

$$\rho_0 = 1000 \; \frac{kg}{m^3}$$

$$\rho_f = \frac{m_f}{V_f} = \frac{\frac{4}{3} \cdot \pi \cdot R^3 \cdot 1000 + (10 - h) \cdot \pi \cdot r^2 \cdot 1000}{\frac{4}{3} \cdot \pi \cdot R^3}$$

Donde R es el radio de la esfera (1 m) y r es el radio de la tubería conectada (0.5 cm).

$$\rho_f = \frac{m_f}{V_f} = \frac{\frac{4}{3} \cdot \pi \cdot 1^3 \cdot 1000 + (10 - h) \cdot \pi \cdot 0.005^2 \cdot 1000}{\frac{4}{3} \cdot \pi \cdot 1^3}$$
$$= 1000 + 0.01875 \cdot (10 - h)$$

Asimismo, a partir de la relación entre la compresibilidad y la presión ejercida por la columna de agua se podrá determinar la altura de líquido dentro de la tubería:

$$K \int_{\rho_0}^{\rho_f} \frac{d\rho}{\rho} = \int_0^p dp$$

$$K \cdot [Ln\rho]_{\rho_0}^{\rho_f} = \Delta p = 9810 \cdot h$$

$$K \cdot Ln \left(\frac{\rho_f}{\rho_0}\right) = \Delta p = 9810 \cdot h$$

$$2060.1 \cdot 10^6 \cdot Ln \left(\frac{1000 + 0.01875 \cdot (10 - h)}{1000}\right) = 9810 \cdot h$$

$$h = 7.97 \text{ m}$$

CAPÍTULO 2
HIDROSTÁTICA

Problema 2.1.

Un emisario submarino de sección cuadrada 1 x 1 m² desagua en una playa a una profundidad de 5 m mediante una compuerta AB en bisel a 30°, articulada en su parte superior, tal y como se muestra en la figura. En el punto de vertido la densidad del agua se encuentra estratificada de modo que en los dos primeros metros tiene una densidad relativa de 1,02 mientras que a mayor profundidad la densidad relativa se mantiene constante en 1,03.

Figura 10: Esquema de la sección del emisario subarino de Problema 2.1.

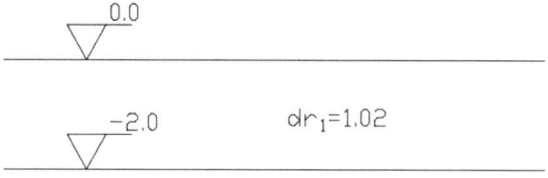

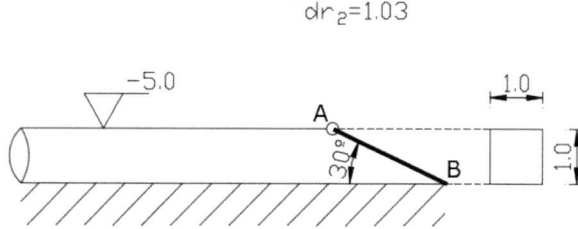

a) Determínese la presión relativa en la generatriz superior y generatriz inferior de la tubería.

27

b) Determínese el empuje hidrostático sobre la compuerta, así como su punto de aplicación.

c) Si la masa de la compuerta es 500 kg, ¿cuál debería ser la presión mínima del agua (dr=1) tras la compuerta para que pudiera producirse el vertido al mar? Considérese presión uniforme en el trasdós de la compuerta AB.

a) Presiones relativas

Para resolver el primer apartado, habrá que tener en cuenta que la densidad del fluido va variando a lo largo de la profundidad del medio, por lo que se dibujará el perfil de presiones en toda la altura.

El cálculo de la presión hidrostática en cada punto se obtiene con $p = y \cdot h$, donde y es el peso específico del líquido y h es la profundidad del punto cuya presión queremos calcular. Como el dato que se proporciona es la densidad relativa de cada líquido, el peso específico se obtiene teniendo la referencia de la densidad del agua (ρ_{H2O}=1000 kg/m³). Así los pesos específicos de cada líquido serán:

$$\gamma_1 = dr_1 \cdot \rho_{H2O} \cdot g = 1.02 \cdot 1000 \cdot 9.81 = 10006.2 \ \frac{N}{m^3}$$

$$\gamma_2 = dr_2 \cdot \rho_{H2O} \cdot g = 1.03 \cdot 1000 \cdot 9.81 = 10104.3 \ \frac{N}{m^3}$$

Y la ley de presiones relativas (sin tener en cuenta la presión atmosférica) en una vertical quedaría como se muestra en el siguiente gráfico:

Figura 11: Esquema de distribución de presiones hidrostáticas de Problema 2.1.

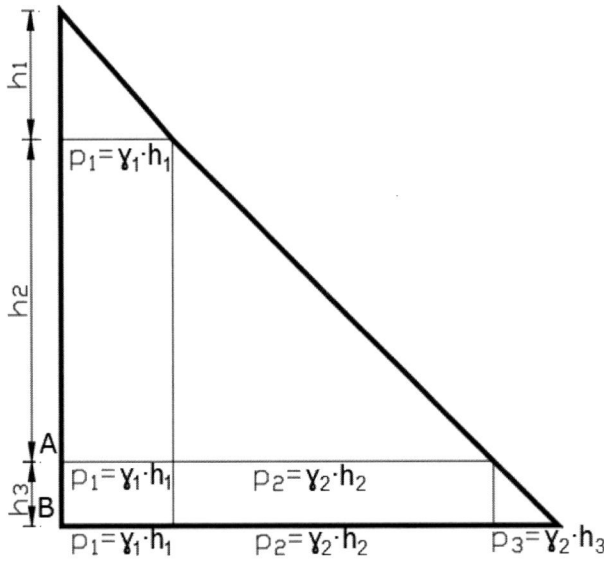

Por lo tanto, el valor de la presión en los puntos A y B, pertenecientes a la generatriz superior e inferior, respectivamente resultarían:

$$P_A = p_1 + p_2 = \gamma_1 \cdot h_1 + \gamma_2 \cdot h_2 = 10006.2 \cdot 2 + 10104.3 \cdot 3$$
$$P_A = 20012.4 + 30312.9 = 50325.3 \, Pa$$

$$P_B = p_1 + p_2 + p_3 = P_A + \gamma_2 \cdot h_3 = 50325.3 + 10104.3 \cdot 1 = 60429.6 \, Pa$$

b) Empuje hidrostático

Al ser la compuerta inclinada, las fuerzas hidrostáticas resultantes tendrán dirección perpendicular a la misma, luego la ley de distribución de presiones quedará de la siguiente manera:

Figura 12: Esquema de distribución de presiones hidrostáticas sobre compuerta de Problema 2.1.

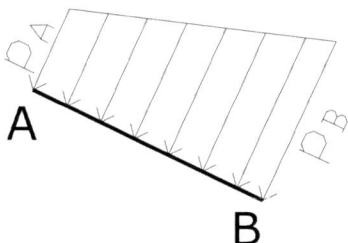

Dado que la compuerta es rectangular podremos calcular la fuerza resultante fácilmente como el volumen de presiones encerrado en la distribución anterior. Previo a esto, habrá que determinar la longitud de la compuerta AB, que se resuelve por trigonometría:

$$sen30° = \frac{1}{\overline{AB}} \rightarrow \overline{AB} = \frac{1}{sen30°} = 2 \, m$$

Figura 13: Cálculo de la longitud compuerta AB de Problema 2.1.

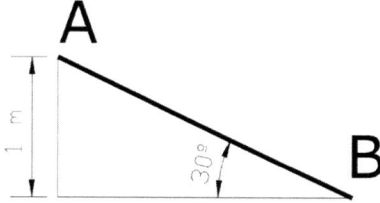

Por lo que el Empuje total ejercido por el agua sobre la compuerta será:

$$E = \frac{p_A + p_B}{2} \cdot l \cdot a$$

siendo l, la longitud de la compuerta (AB) y a, el ancho de la misma.

$$E = \frac{50325.3 + 60429.6}{2} \cdot 2 \cdot 1 = 110754.9 \, N = 110.75 \, kN$$

Nótese que la expresión general:

$$E = p_{cdg} \cdot \text{Área compuerta}$$

es equivalente a la utilizada, dado que la compuerta es rectangular.
Para calcular el punto de aplicación de la fuerza calculada se dividirá la ley de presiones trapezoidal sobre la compuerta AB en una rectangular más otra triangular, para una más fácil resolución:

Figura 14: Esquema del cálculo de empujes sobre compuerta AB de Problema 2.1.

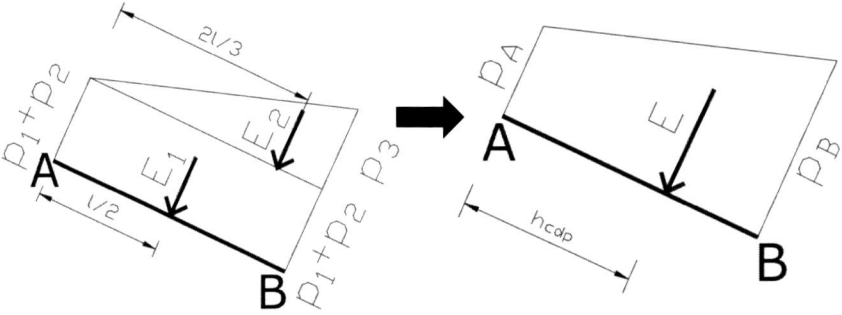

Quedando entonces la siguiente ecuación:

$$E \cdot h_{cdp} = E_1 \cdot \frac{1}{2}l + E_2 \cdot \frac{2}{3}l = (p_1 + p_2) \cdot l \cdot a \cdot \frac{1}{2}l + \frac{1}{2} \cdot p_3 \cdot l \cdot a \cdot \frac{2}{3}l$$

$$E \cdot h_{cdp} = 50325.3 \cdot 2 \cdot 1 \cdot \frac{1}{2} \cdot 2 + \frac{1}{2} \cdot 10104.3 \cdot 2 \cdot 1 \cdot \frac{2}{3} \cdot 2$$

$$h_{cdp} = \frac{100650.6 + 13472.4}{110754.9} = \frac{114123}{110754.9} = 1.03 \, m$$

c) Presión mínima del vertido

Considerando que la presión es homogénea en el agua que se vierte (p_t), el empuje resultante en el trasdós de la compuerta vendría dado por:

$$E_t = p_t \cdot Área\ compuerta = p_t \cdot 2 \cdot 1 = 2 \cdot p_t$$

y estaría aplicada en el centro de gravedad de la compuerta ya que se considera, simplificadamente, una presión homogénea. Por lo que, el esquema de fuerzas actuando sobre la compuerta sería el que se muestra en la siguiente imagen:

Figura 15: Esquema de fuerzas sobre compuerta AB de Problema 2.1.

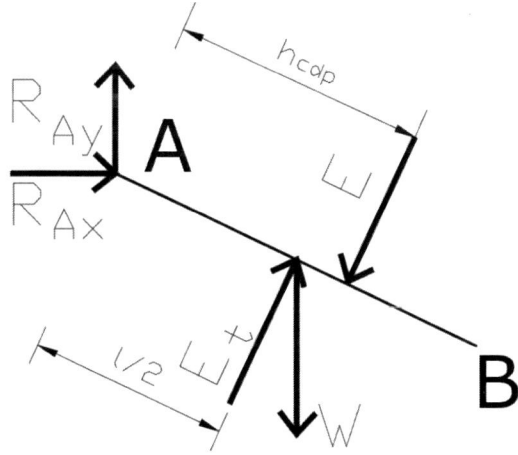

donde W es el peso de la compuerta y R_{Ax} y R_{Ay} son las reacciones en la rótula de la misma, en su parte superior (A). Para conocer E_t tomaremos momentos de todas las fuerzas con respecto al punto A ($\Sigma M_A = 0$), resultando:

$$E_t \cdot \frac{l}{2} - W \cdot \frac{l}{2} \cdot \cos 30º - E \cdot h_{cdp} = 0$$

$$2 \cdot p_t \cdot \frac{2}{2} - 500 \cdot 9.81 \cdot \frac{2}{2} \cdot \cos 30° - 110754.9 \cdot 1.03 = 0$$

$$p_t = \frac{118325.4}{2} = 59162.7\ Pa = 59.16\ kPa$$

Problema 2.2.

El prisma rectangular hueco de 3.0 x 2.0 m² en planta de la figura está articulado en una de sus aristas y se rellena con mercurio de densidad relativa 13.6. Para h=0 y Y=20 cm está en equilibrio.
a) Calcular el peso del prisma vacío.
b) Si Y= 40 cm, calcular h para que se encuentre en equilibrio.

Figura 16: Esquema del prisma rectangular de Problema 2.2.

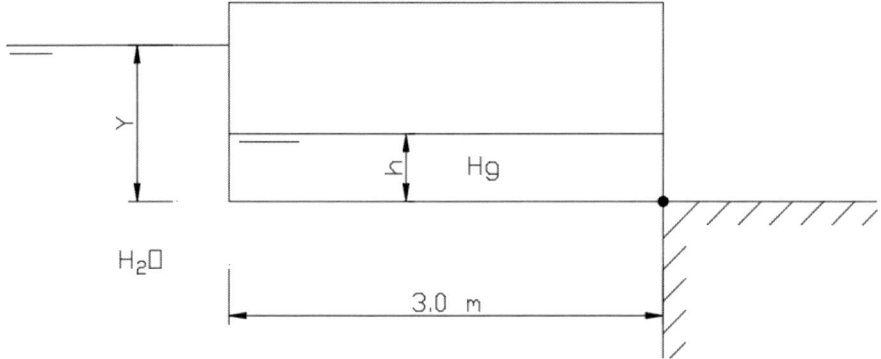

a) **Equilibrio vacío.**

Cuando el depósito está vacío la ley de presiones sobre una sección del mismo será la que se presenta en la siguiente figura. La presión en la cara lateral izquierda es triangular porque va aumentando la presión con la profundidad y, en el caso de la base del depósito, la ley de presiones es homogénea debido a que es un plano horizontal, con una profundidad constante en toda su superficie. Las dos caras del depósito paralelas al plano ABCD también estarían afectadas por los empujes del agua, pero las fuerzas resultantes serían de igual valor y sentidos contrarios, anulándose, por lo que se no se tienen en cuenta en el equilibrio global del depósito.

Figura 17: Esquema de distribución de presiones sobre prisma de Problema 2.2.

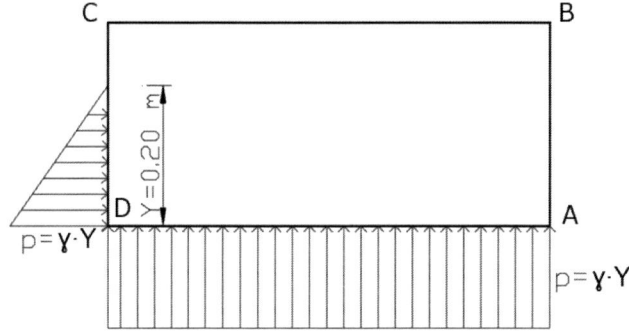

De la anterior ley de presiones, resultan el siguiente esquema de fuerzas sobre el depósito vacío, donde W es el peso del prisma y R_{Ax} y R_{Ay} son las reacciones en la rótula en la arista sobre la que puede girar el elemento estudiado. Al ser todas las superficies rectangulares, la ubicación de los empujes se limita al centro de gravedad de las secciones de la distribución de presiones anteriores.

Figura 18: Esquema de fuerzas sobre prisma de Problema 2.2a.

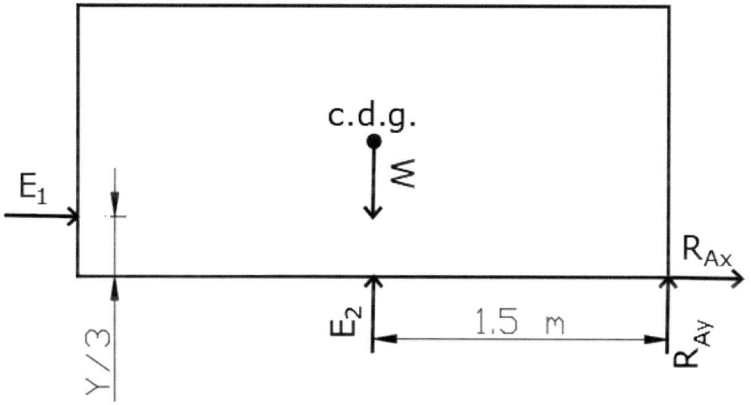

Procedemos al cálculo de los empujes hidrostáticos E_1 y E_2.

$$E_1 = \frac{1}{2} \cdot \gamma \cdot Y \cdot Y \cdot Ancho\ compuerta = \frac{1}{2} \cdot 9810 \cdot 0.2^2 \cdot 2 = 392.4\ N$$

$$E_2 = \gamma \cdot Y \cdot Área\ base\ depósito = 9810 \cdot 0.2 \cdot 3 \cdot 2 = 11772\ N$$

Para calcular el peso del depósito bastará con tomar momentos en la arista A, sobre la que gira el depósito, resultando:

$$\Sigma M_A = 0 = W \cdot 1.5 - E_1 \cdot \frac{Y}{3} - E_2 \cdot 1.5 = W \cdot 1.5 - 392.4 \cdot \frac{0.2}{3} - 11772 \cdot 1.5 = 0$$

$$W = 11789.44\ N$$

b) Volumen de mercurio para equilibrio (Y=40 cm).

En este caso, se eleva el nivel de agua exterior, incrementándose los empujes anteriores. Para mantener el equilibrio hidrostático se rellena el depósito con mercurio de densidad relativa 13.6. El esquema de fuerzas en este apartado queda según lo representado en la siguiente figura.

Figura 19: Esquema de fuerzas sobre prisma de Problema 2.2b.

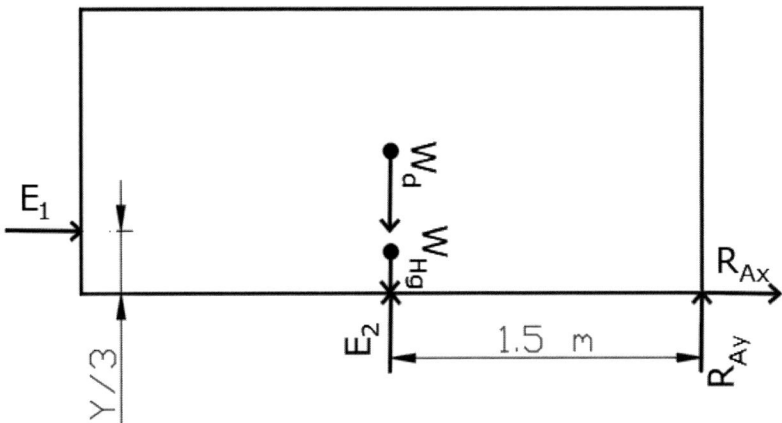

Donde W_{Hg} y W_d son los pesos del mercurio introducido en el interior del depósito y el peso del depósito, respectivamente. El valor de los empujes del agua será:

$$E_1 = \frac{1}{2} \cdot \gamma \cdot Y \cdot Y \cdot Ancho\ compuerta = \frac{1}{2} \cdot 9810 \cdot 0.4^2 \cdot 2 = 1569.6\ N$$

$$E_2 = \gamma \cdot Y \cdot \acute{A}rea\ base\ dep\acute{o}sito = 9810 \cdot 0.4 \cdot 3 \cdot 2 = 23544\ N$$

Y el valor de los pesos de cada elemento será:
W_d = 11789.44 N, correspondiente al peso del depósito calculado en el anterior apartado
$W_{Hg} = m \cdot g = \rho \cdot V \cdot g = 13.6 \cdot 1000 \cdot$ Volumen de Hg $\cdot 9.81 = 13600 \cdot 2 \cdot 3 \cdot h \cdot 9.81 = 800496 \cdot h$ (N)
Al igual que en el apartado anterior, tomamos momentos con respecto a la arista A, sobre la que gira el depósito, resultando:

$$\Sigma M_A = 0 = W_d \cdot 1.5 + W_{Hg} \cdot 1.5 - E_1 \cdot \frac{Y}{3} - E_2 \cdot 1.5 = 0$$

$$11789.44 \cdot 1.5 + 800496 \cdot h \cdot 1.5 - 1569.6 \cdot \frac{0.4}{3} - 23544 \cdot 1.5 = 0$$

$$h = 0.01\ m = 1cm$$

Problema 2.3.

La compuerta AB es rectangular de 3 x 7 m². Por un lado de la misma resiste un empuje de agua de 5 m de altura y por el lado contrario aceite con una densidad relativa de 0.90 hasta una altura de 2 m, tal y como queda representado en la figura. Si el sistema está en equilibrio, determinar el módulo y dirección del axil de la barra BC.

Figura 20: Esquema de la compuerta AB de Problema 2.3.

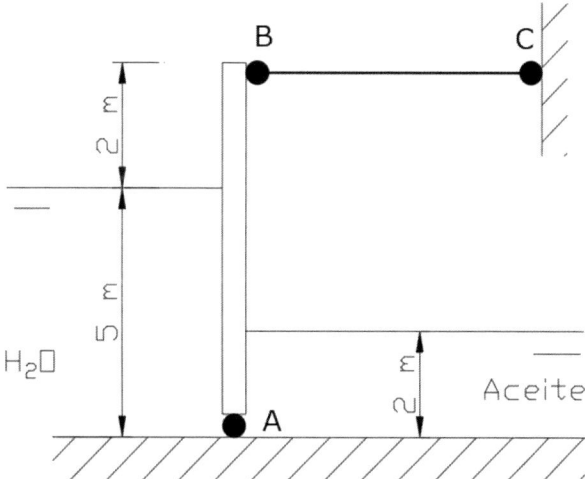

En primer lugar, determinaremos los empujes hidrostáticos que el agua y el aceite realizan sobre la compuerta. La ley de presiones a uno y otro lado de la compuerta quedará de acuerdo con la figura siguiente.

Figura 21: Esquema de distribución de presiones sobre compuerta AB de Problema 2.3.

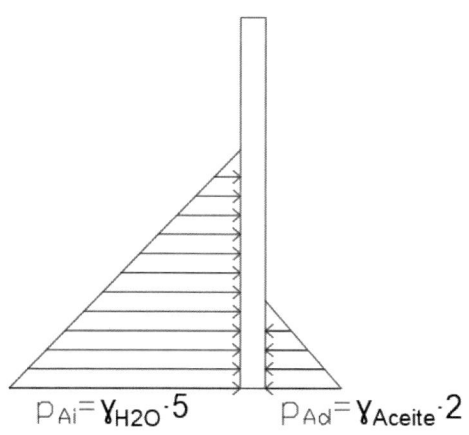

$$p_{Ai} = \gamma_{H2O} \cdot 5 \qquad p_{Ad} = \gamma_{Aceite} \cdot 2$$

donde,

p_{Ai} = 9810 · 5 = 49050 Pa

p_{Ad} = 9810 · 0.9 · 2 = 17658 Pa

A continuación, procedemos a calcular las fuerzas resultantes de estas presiones hidrostáticas y a plantear gráficamente el resto de las fuerzas que está actuando sobre la compuerta AB.

Figura 22: Esquema de fuerzas sobre compuerta AB de Problema 2.3.

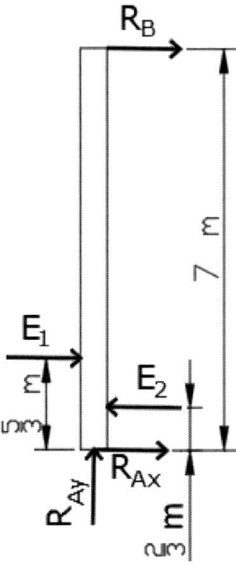

R_{AX} y R_{AY} son las reacciones en el punto A, dado que están coaccionados los movimientos horizontales y verticales al ser una rótula. En el caso del punto B, la fuerza resultante debe tener la misma dirección que la barra BC debido a que esta barra se encuentra articulada en sus dos extremos y no existen fuerzas aplicadas a lo largo de la misma.

$$E_1 = \frac{1}{2} \cdot p_{Ai} \cdot 5 \cdot Ancho\ compuerta = \frac{1}{2} \cdot 49050 \cdot 5 \cdot 3 = 367875\ N$$

$$E_2 = \frac{1}{2} \cdot p_{Ad} \cdot 2 \cdot Ancho\ compuerta = \frac{1}{2} \cdot 17658 \cdot 2 \cdot 3 = 52974\ N$$

Para calcular R_B aplicamos la condición de equilibrio estático ΣM_A = 0, resultando:

$$\Sigma M_A = 0 = E_2 \cdot \frac{2}{3} - E_1 \cdot \frac{5}{3} - R_B \cdot 7 = 52974 \cdot \frac{2}{3} - 367875\frac{5}{3} - R_B \cdot 7 = 0$$

$$R_B = \text{-82544.14 N}$$

El signo negativo indica que la barra BC está a compresión.

Problema 2.4.

La compuerta AB de 5 m de longitud, mide 3 m en la dirección normal al dibujo y está articulada en A y tiene un tope en B. Con la ayuda de una polea se le cuelga en el extremo B un contrapeso de 5000 kg de hormigón con una densidad de 2,4 t/m³. Despreciando el peso de la compuerta determínese:

a) Nivel h del agua en el momento de alcanzar el equilibrio si el contrapeso se encuentra fuera del agua.

b) Ídem si el contrapeso se halla sumergido.

Figura 23: Esquema de la compuerta AB de Problema 2.4.

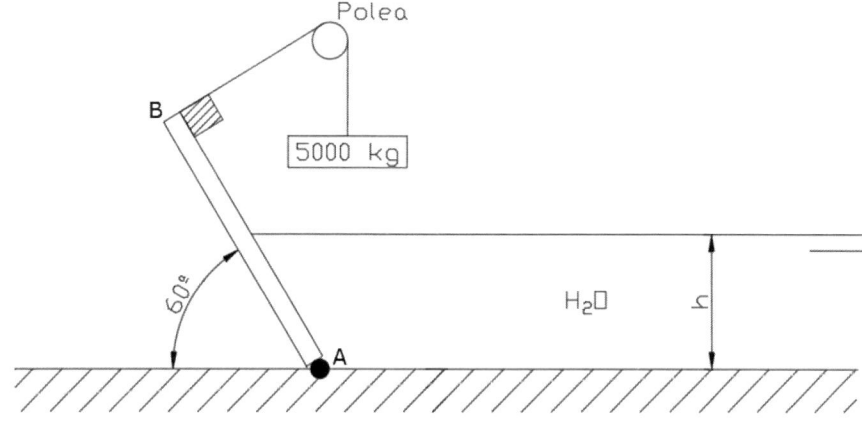

a) **Nivel de agua con contrapeso emergido.**

En primer lugar, determinaremos la resultante del empuje del agua sobre la compuerta AB. La distribución a lo largo de la compuerta será la siguiente:

Figura 24: Esquema de la distribución de presiones sobre compuerta AB de Problema 2.4.

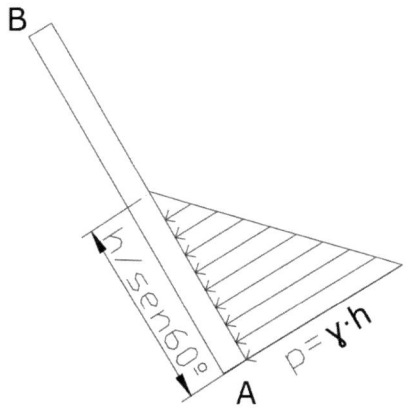

Donde la presión en el punto A es:

p = γ · h = 9810·h (Pa)

El esquema de fuerzas sobre la compuerta queda de la siguiente manera:

Figura 25: Esquema de fuerzas sobre compuerta AB de Problema 2.4.

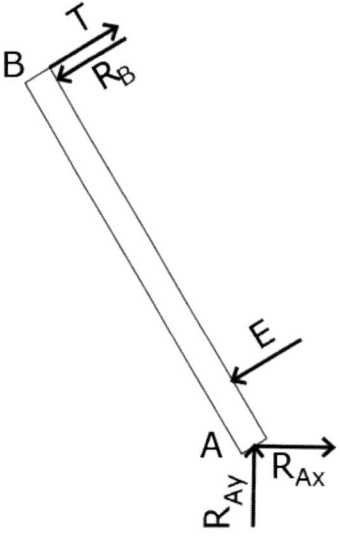

Donde T es la tensión en el cable, R_B sería la reacción en el tope en B, R_{Ax} y R_{Ay} corresponden a las reacciones en la rótula y E es el empuje debido al agua de la distribución de presiones anterior, que se determinaría:

$$E = \frac{1}{2} \cdot p \cdot \frac{h}{sen\ 60^\circ} \cdot Ancho\ compuerta = \frac{1}{2} \cdot 9810 \cdot h \cdot \frac{h}{sen\ 60^\circ} \cdot 3$$
$$= 16991.42 \cdot h^2\ (N)$$

Por otro lado, si se plantea también el equilibrio de fuerzas en el contrapeso, nos queda el siguiente esquema.

Figura 26: Esquema de fuerzas sobre contrapeso Problema 2.4a.

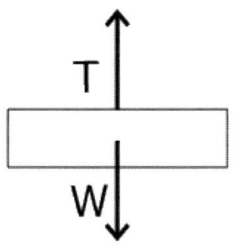

Donde W, es el peso del elemento de hormigón, quedando, por tanto, que T = W. En nuestro caso, por tanto, T = M · g = 5000 · 9.81 = 49050 N

Como el enunciado plantea que se calcule la altura del agua *en el momento de alcanzar el equilibrio*, este corresponderá a aquel en el que la compuerta empieza a despegarse del tope en B, luego R_B en ese momento será nula, quedando entonces el siguiente esquema de fuerzas:

Figura 27: Esquema de fuerzas sobre compuerta AB en el momento de equilibrio de Problema 2.4a.

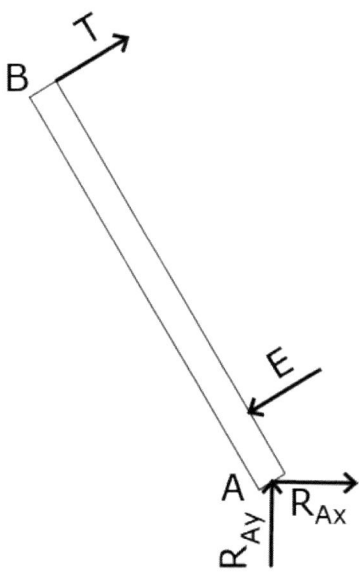

Finalmente, se toma momentos en el punto A:

$$\Sigma M_A = 0 = T \cdot 5 - E \cdot \frac{h}{3} = 49050 \cdot 5 - 16991.42 \cdot h^2 \frac{h}{3} = 0$$

h = 3.51 m

b) Nivel de agua con contrapeso sumergido.

En el caso de que el bloque se encuentre sumergido, la tensión en el cable se verá reducida por el empuje que el agua ejerce sobre el bloque (E_b). El esquema de fuerzas sobre el bloque sumergido será el siguiente:

Figura 28: Esquema de fuerzas sobre contrapeso Problema 2.4b.

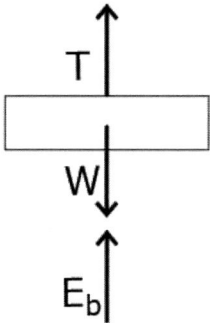

Como el bloque también se encuentra en equilibrio estático, se debe cumplir que $\Sigma F_Y = 0$, con lo que nos queda la siguiente expresión:

$$\Sigma F_Y = 0 = T + E_b - W = 0$$

Quedando que T = W - E$_b$.

Por el principio de Arquímedes,

$$E_b = Peso\ volumen\ desalojado = \gamma_{agua} \cdot Volumen_{sumergido} = 9810 \cdot \frac{masa}{densidad}$$
$$= 9810 \cdot \frac{5000}{2400} = 20437.5\ N$$

Por lo tanto,

$$T = W - E_b = 49050 - 20437.5 = 28612.5\ N$$

Finalmente, se toma momentos en el punto A:

$$\Sigma M_A = 0 = T \cdot 5 - E \cdot \frac{h}{3} = 28612.5 \cdot 5 - 16991.42 \cdot h^2 \frac{h}{3} = 0$$

h = 2.93 m

Figura 29: Esquema de fuerzas sobre compuerta AB en el momento de equilibrio de Problema 2.4b.

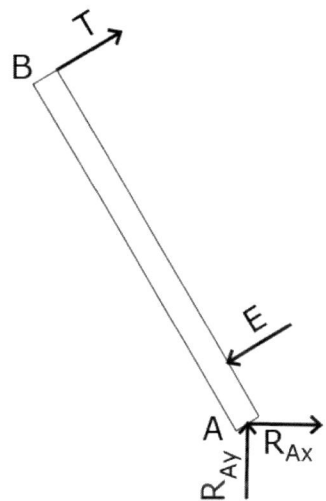

Problema 2.5.

El depósito de la figura tiene un ancho de 1 m perpendicular al papel, contiene un líquido de densidad relativa 0,85 y se mantiene cerrado por medio de la compuerta AB. La compuerta pesa 60 kN, pivota sobre el eje A sin fricción y se encuentra simplemente apoyado en el punto B. Calcular la altura h a la que la compuerta se abrirá.

Figura 30: Esquema de la compuerta AB de Problema 2.5.

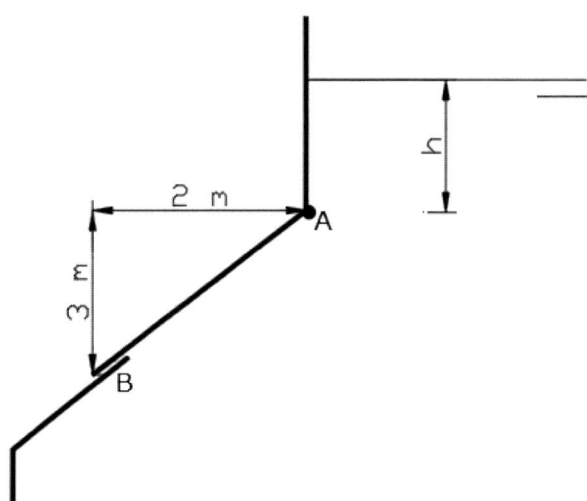

En primer lugar, supondremos que el nivel de agua se encuentra por encima del punto A. Se determinará el empuje hidrostático que existe sobre la compuerta AB, para lo cual se dibuja la ley de presiones sobre ella.

Figura 31: Esquema de distribución de presiones sobre compuerta AB con líquido por encima del punto A de Problema 2.5.

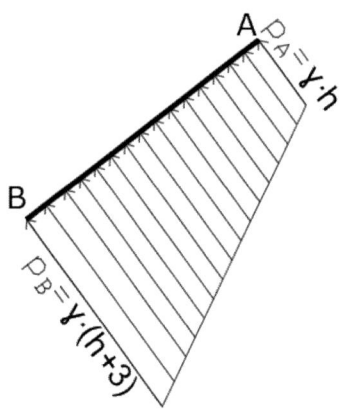

$$p_A = \gamma \cdot h = 0.85 \cdot 9810 \cdot h = 8338.5 \cdot h \; (Pa)$$

$$p_B = \gamma \cdot (h + 3) = 0.85 \cdot 9810 \cdot (h + 3) = 8338.5 \cdot (h + 3) \; (Pa)$$

Por el teorema de Pitágoras la longitud de la compuerta será de:

$$l = \sqrt{3^2 + 2^2} = \sqrt{13} = 3.61 \; m$$

El empuje hidrostático sobre la compuerta puede descomponerse en dos, resultantes de dividir la distribución de presiones en una rectangular y otra triangular:

Figura 32: Esquema de empujes sobre compuerta AB con líquido por encima del punto A en de Problema 2.5.

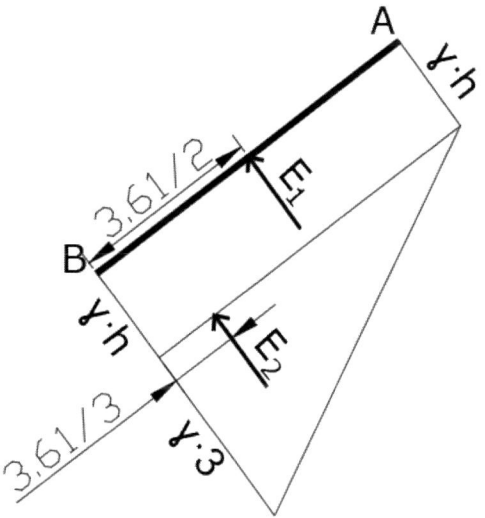

Los valores de cada empuje se calculan a continuación:

$$E_1 = \gamma \cdot h \cdot 3.61 \; Ancho \; compuerta = 8338.5 \cdot h \cdot 3.61 \cdot 1 = 30102 \cdot h \; (N)$$

$$E_2 = \frac{1}{2} \cdot \gamma \cdot 3 \cdot 3.61 \cdot Ancho \; compuerta = \frac{1}{2} \cdot 8338.5 \cdot 3 \cdot 3.61 \cdot 1 = 45153 \; N$$

El esquema de fuerzas sobre la compuerta XY será el siguiente:

Figura 33: Esquema de fuerzas sobre compuerta AB con líquido por encima del punto A en de Problema 2.5.

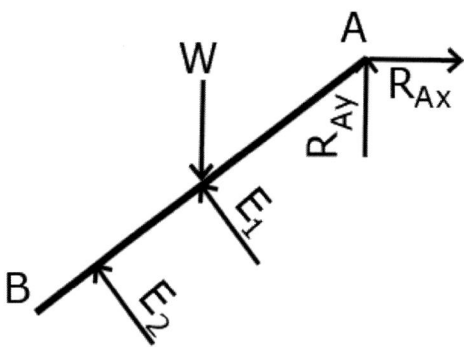

Donde W es el peso de la compuerta y R_{Ax} y R_{Ay} son las reacciones en la rótula en el punto A. En el Punto B no se considera ninguna reacción ya que el enunciado indica que la compuerta comienza a abrirse. En ese momento no habrá apoyo de la compuerta sobre el punto B.

Se impone la condición estática que la suma de los momentos producidos por las fuerzas en A es nula.

$$\sum M_A = 0 = W \cdot \frac{2}{2} - E_1 \cdot \frac{3.61}{2} - E_2 \cdot \frac{2}{3} \cdot 3.61 =$$

$$= 60000 \cdot 1 - 30102 \cdot h \cdot \frac{3.61}{2} - 45153 \cdot \frac{2}{3} 3.61 = 0$$

$$h = -0.90 \text{ m}$$

El signo negativo indica que el nivel de agua necesario para que se abra la compuerta está por debajo del punto A, por lo que la distribución de presiones considerada inicialmente es errónea y habrá que plantear de nuevo el problema con un nivel de agua por debajo del punto A.

Figura 34: Esquema de distribución de presiones sobre compuerta AB con líquido por debajo del punto A de Problema 2.5.

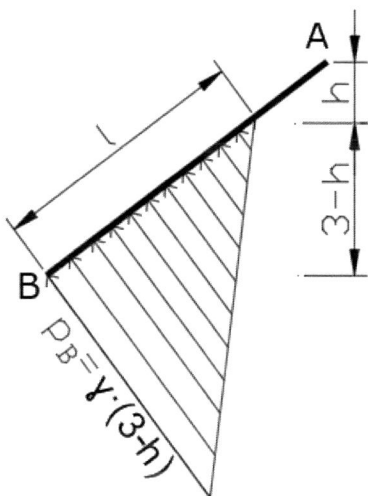

Y la distribución de fuerzas sobre la compuerta será:

Figura 35: Esquema de fuerzas sobre compuerta AB con líquido por debajo del punto A en de Problema 2.5.

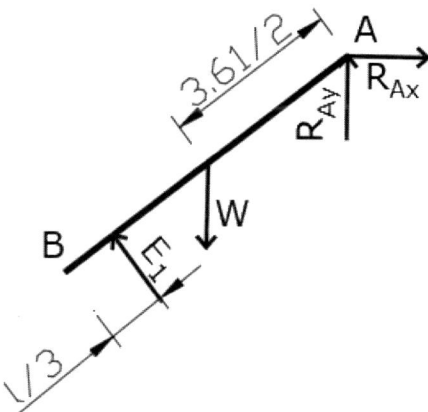

Por semejanza de triángulos:

$$\frac{3}{3-h} = \frac{3.61}{l} \rightarrow l = \frac{(3-h)\cdot 3.61}{3}$$

E_1 vendría dada por la siguiente ecuación:

$$E_1 = \frac{1}{2} \cdot \gamma \cdot (3 - h) \cdot l \cdot Ancho\ compuerta$$

$$= \frac{1}{2} \cdot 8338.5 \cdot (3 - h) \cdot \frac{(3 - h) \cdot 3.61}{3} \cdot 1 = 5017 \cdot (3 - h)^2\ (N)$$

Por lo que, tomando, de nuevo, momentos de todas las fuerzas con respecto al punto A:

$$\Sigma M_A = 0 = W \cdot \frac{2}{2} - E_1 \cdot \left(\frac{2}{3} \cdot l + 3.61 - l\right) = 60000 - 5017 \cdot (3 - h)^2 \cdot \left(3.61 - \frac{l}{3}\right)$$

$$= 60000 - 5017 \cdot (3 - h)^2 \cdot \left(3.61 - \frac{\dfrac{(3 - h) \cdot 3.61}{3}}{3}\right)$$

$$h = 0.93\ m$$

Problema 2.6.

Se ha construido un depósito de agua con hormigón armado (densidad relativa 2.3) y una altura libre de 4 m tal y como muestra la figura adjunta. Determinar la longitud de la zapata (por metro lineal de muro) para que el muro no deslice si el coeficiente de rozamiento es 0.57.

Figura 36: Esquema del muro de contención de Problema 2.6.

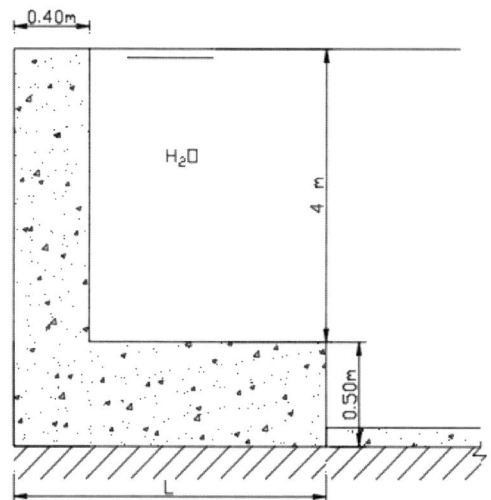

En primer lugar, se determinarán la ley de presiones hidrostáticas que se están ejerciendo sobre el intradós del muro en "L" proyectado.

Figura 37: Esquema de distribución de presiones sobre muro de contención de Problema 2.6.

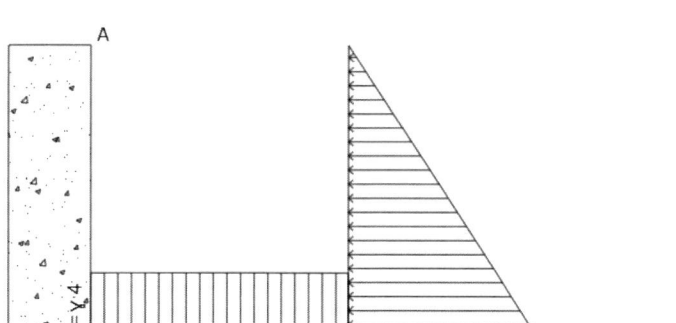

Con lo que obtendremos que:

$p_A = \gamma_{H2O} \cdot 0 = 0$ Pa

$p_B = \gamma_{H2O} \cdot 4 = 9810 \cdot 4 = 39240$ Pa

$p_C = \gamma_{H2O} \cdot 4.5 = 9810 \cdot 4.5 = 44145$ Pa

Las fuerzas que estarán actuando sobre el muro de hormigón y su punto de aplicación vienen representadas en el siguiente croquis:

Figura 38: Esquema de fuerzas sobre muro de contención de Problema 2.6.

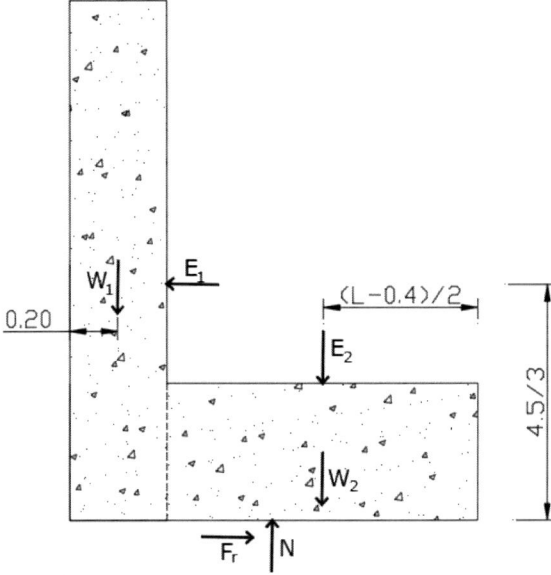

Los valores de cada una de ellas se calculan a continuación:

$$E_1 = \frac{1}{2} \cdot p_c \cdot 4.5 \cdot 1 = \frac{1}{2} \cdot \gamma \cdot 4.5 \cdot 4.5 \cdot 1 = \frac{1}{2} \cdot 44145 \cdot 4.5 \cdot 1 = 99326.25 \ N$$

$$E_2 = p_B \cdot (L - 0.4) \cdot 1 = 39240 \cdot (L - 0.4) \cdot 1 = 39240 \cdot (L - 0.4) \ (N)$$

$$W_1 = \gamma_{hormigón} \cdot Volumen_1 = 9810 \cdot 2.3 \cdot 0.4 \cdot 4.5 \cdot 1 = 40613.4 \ N$$

$$W_2 = \gamma_{hormigón} \cdot Volumen_2 = 9810 \cdot 2.3 \cdot (L - 0.4) \cdot 0.5 \cdot 1$$
$$= 11281.5 \cdot (L - 0.4) \ (N)$$

Aplicando las condiciones de estática para las fuerzas en vertical y horizontal, resulta:

$$\sum F_X = F_r - E_1 = 0 \quad \rightarrow \quad F_r = E_1$$

$$\sum F_Y = N - W_1 - W_2 - E_2 = 0 \quad \rightarrow \quad N = W_1 + W_2 + E_2$$

Además, como $F_r = \mu \cdot N = \mu \cdot (W_1 + W_2 + E_2) = E_1$, resultando:

$$0.57 \cdot (40613.4 + 11281.5 \cdot (L - 0.4) + 39240 \cdot (L - 0.4)) = 99326.25$$

$$L = 3.05 \text{ m}$$

Problema 2.7.

El depósito de la figura contiene un líquido de densidad relativa 0,9 y tiene una compuerta de AB circular de 2 m de diámetro que gira sobre el eje horizontal que pasa por su centro. Determinar el mínimo valor de F para mantenerla cerrada. (Nota: $I_{círculo} = \pi\, r^4 / 4$)

Figura 39: Esquema de la compuerta AB de Problema 2.7.

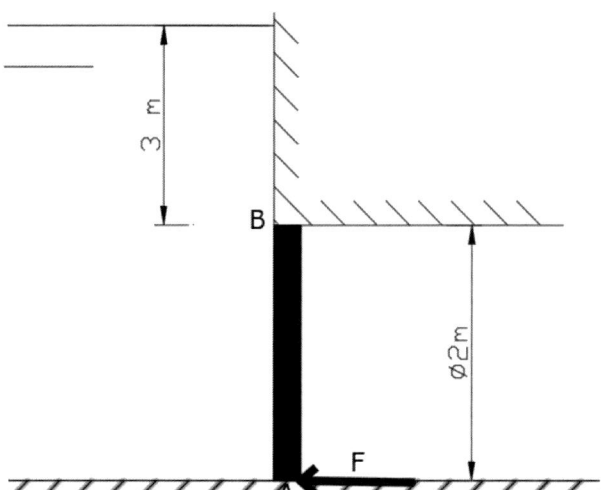

En primer lugar, determinaremos el valor de la fuerza hidrostática ejercida por el líquido sobre la compuerta y localizaremos su centro de presiones. El módulo de dicha fuerza vendrá dado por la siguiente expresión:

$$E = p_{cdg} \cdot \text{Área compuerta}$$

donde p_{cdg} es la presión en el centro de gravedad (cdg) de la compuerta, que en el caso que nos ocupa se encontrará en el centro de la misma, situado a 4 m (h) de profundidad, luego el empuje correspondiente será:

$$E = \gamma_l \cdot h_{cdg} \cdot \text{Área compuerta} = 9810 \cdot 0.9 \cdot 4 \cdot \frac{\pi \cdot 2^2}{4} = 110948.49\ N$$

Para obtener el punto de aplicación de dicha fuerza utilizaremos la siguiente expresión:

$$y_{cdp} = y_{cdg} + \frac{I_{xx'}}{y_{cdg} \cdot \text{Área compuerta}}$$

Donde y_{cdg} es la distancia desde el nivel de agua hasta el centro de gravedad de la compuerta medida a lo largo del plano que contiene a la misma. En este caso, al ser la compuerta vertical, ésta coincide con la profundidad a la que se encuentra el centro de gravedad. Por otro lado, $I_{xx'}$ es el momento de inercia del área de la compuerta sobre el eje que pasa por su centro de gravedad y que, además, es paralelo a la intersección del plano que contiene a la compuerta y el plano de la superficie libre del agua. Por lo tanto, la profundidad a la que se encuentra aplicada la fuerza ejercida por el líquido sobre la compuerta sería:

$$y_{cdp} = 4 + \frac{\dfrac{\pi \cdot 1^4}{4}}{4 \cdot \dfrac{\pi \cdot 2^2}{4}} = 4.06 \, m$$

Luego el croquis de fuerzas que está actuando sobre la compuerta circular sería:

Figura 40: Esquema de fuerzas sobre la compuerta AB de Problema 2.7.

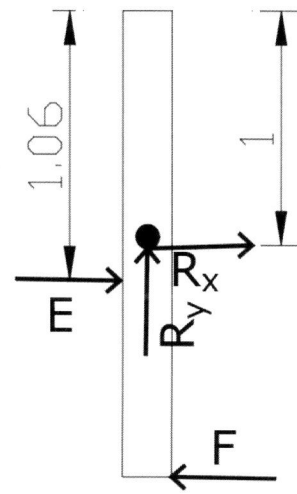

Donde R_x y R_y son las reacciones de la rótula horizontal que pasa por el centro de la compuerta, alrededor de la cual gira. Tomando momentos de todas las fuerzas sobre dicho eje, quedaría:

$$\sum M_0 = 0 = E \cdot (1.06 - 1) - F \cdot 1 = 110948.49 \cdot 0.06 - F = 0$$

$$F = 6656.91 \, N$$

Problema 2.8.

Sea la compuerta cilindrica AB de la figura de 2 m de diámetro y 1 m de ancho, articulada en A y de peso 5000 kp. Suponiendo que el líquido del recipiente es agua, determinar:

a) Altura H mínima para que la compuerta comience a abrirse en sentido antihorario.

b) Reacciones en el nudo A en ese momento.

Nota: Centro de gravedad de semicírculo está situado a 4r/3π de su centro.

Figura 41: Esquema de la compuerta AB de Problema 2.8.

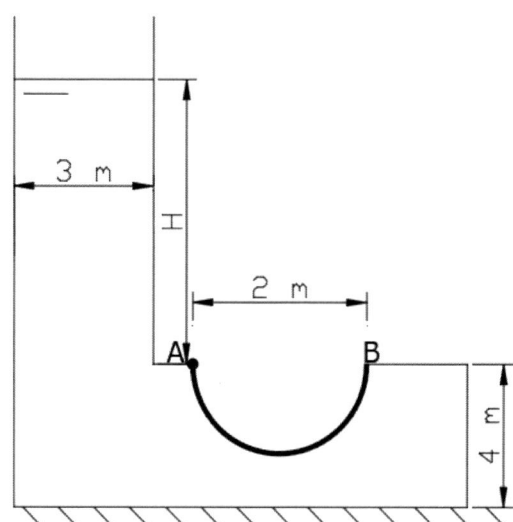

a) **Altura H mínima para apertura de la compuerta**

Al no tratarse de una superficie plana, descompondremos el empuje resultante sobre dicha compuerta en un empuje horizontal y otro empuje vertical. El empuje horizontal sobre la compuerta se obtendrá proyectando la superficie de la compuerta que estamos calculando sobre un plano vertical y determinando la ley de presiones sobre la misma, tal y como aparece en la siguiente figura:

Figura 42: Esquema de distribución de presiones horizontales sobre compuerta A´C´ de Problema 2.8.

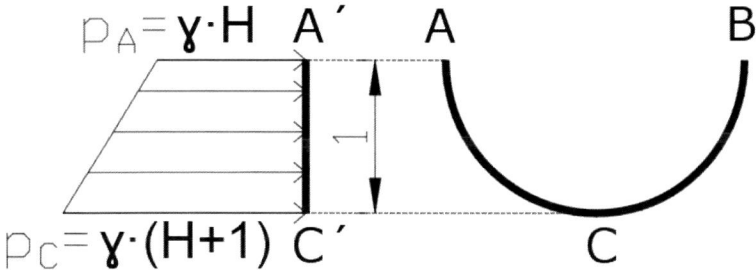

Procedemos, a continuación, a descomponer la ley de presiones trapezoidal en una rectangular y otra triangular para determinar más fácilmente los respectivos empujes:

Figura 43: Esquema de descomposición de presiones horizontales sobre compuerta A´C´ de Problema 2.8.

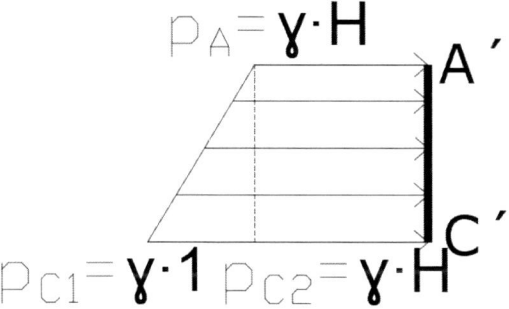

Asignando como E_{h1} el empuje de la ley rectangular y E_{h2} al empuje de la ley triangular, obtendríamos:

$$E_{h1} = p_A \cdot \acute{A}rea\ compuerta\ proyectada = 9810 \cdot H \cdot 1 \cdot 1 = 9810 \cdot H\ (N)$$

$$E_{h2} = \frac{1}{2} p_{c1} \cdot \acute{A}rea\ compuerta\ proyectada = \frac{1}{2} \cdot 9810 \cdot 1 \cdot 1 \cdot 1 = 4905\ N$$

La localización de cada una de ellas vendrá dada por el centro de gravedad del prisma de presiones correspondiente:

Figura 44: Esquema de fuerzas horizontales sobre compuerta A´C´ de Problema 2.8.

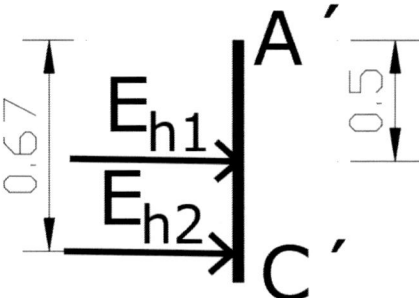

Sin embargo, sobre la compuerta BC, los empujes horizontales serían idénticos, anulándose con E_{h1} y E_{h2}

La componente vertical del empuje se obtendrá como el peso del volumen del líquido encerrado desde la superficie de la compuerta hasta el nivel de agua:

Figura 45: Esquema de empujes verticales sobre compuerta AB de Problema 2.8.

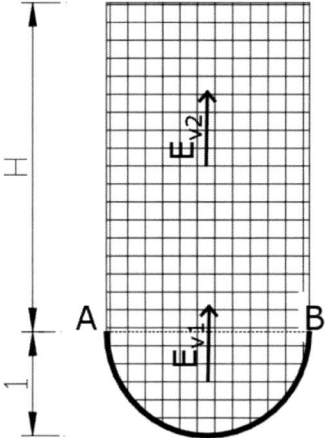

Descomponiendo la componente vertical en E_{v1} y E_{v2}, como aparece en el dibujo anterior, nos quedaría:

$$E_{v1} = \gamma \cdot Volumen\ semicilindro_{AB} = 9810 \cdot \frac{1}{2} \cdot \pi \cdot 1^2 \cdot 1 = 15409.55\ N$$

$$E_{v2} = \gamma \cdot Volumen\ prisma_H = 9810 \cdot 2 \cdot H \cdot 1 = 19620 \cdot H\ (N)$$

Las fuerzas que actúan sobre la compuerta AB quedan representadas en el siguiente croquis:

Figura 46: Esquema de fuerzas sobre la compuerta AB de Problema 2.8.

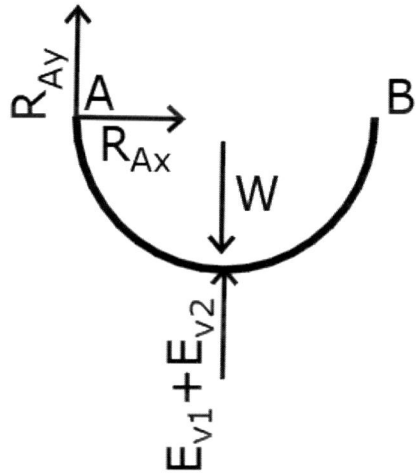

Donde W es el peso de la compuerta y R_{Ax} y R_{Ay} son las reacciones en la rótula de la misma. Por equilibrio estático, tomando momentos de todas las fuerzas con respecto al punto A, queda:

$$\Sigma M_A = 0 = (E_{v1} + E_{v2}) \cdot 1 - W \cdot 1 = 0$$

$$0 = (15409.55 + 19620 \cdot H) \cdot 1 - 5000 \cdot 9.81 \cdot 1 \cdot 1$$

$$H = 1.71 \text{ m}$$

b) Reacciones en el nudo A cuando comienza a abrirse la compuerta

Para calcular las reacciones de la rótula en el punto A se impondrá las condiciones de la anulación de la suma de fuerzas, tanto en el eje X, como en el eje Y:

$$\Sigma F_X = 0 = E_{h1} + E_{h2} + R_{Ax} = 0$$

$$R_{Ax} = -E_{h1} - E_{h2} = -9810 \cdot 1.24 - 4905 = -17069.4 \, N \, (\leftarrow)$$

$$\Sigma F_Y = 0 = E_{v1} + E_{v2} + R_{Ay} - W = 0$$

$$R_{Ay} = W - E_{v1} - E_{v2} = 5000 \cdot 9.81 - 15409.55 - 19620 \cdot 1.24 = 9311.65 \, N \, (\uparrow)$$

Problema 2.9.

La compuerta AB, de espesor despreciable, tiene una sección en forma de triángulo isósceles de base inferior de 1.5 m (en A) y separa dos líquidos: el líquido 1 es agua mientras el líquido 2 tiene una densidad relativa de 0.8. Dicha compuerta tiene un peso de 8000 N y una bisagra sin fricción en A y se apoya en B sobre una pared lisa. Determinar el nivel h a la izquierda para que la compuerta comience a abrirse.

Figura 47: Esquema de la compuerta AB de Problema 2.9.

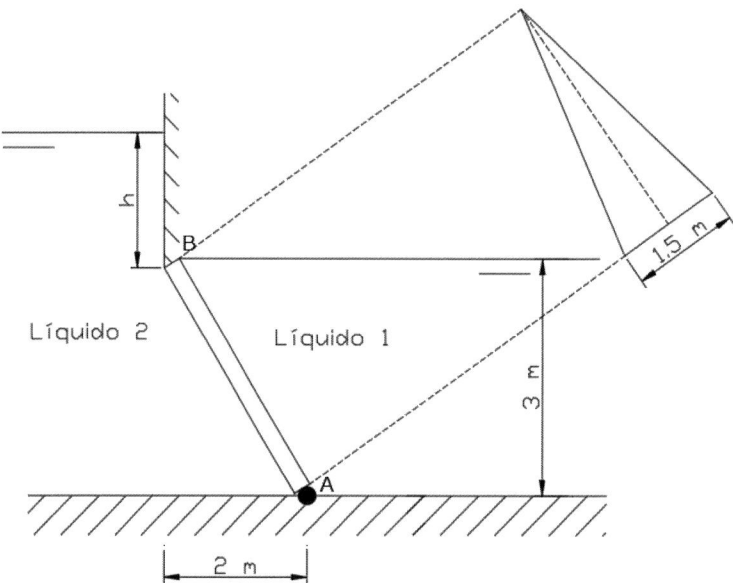

En primer lugar, determinaremos el valor de las fuerzas hidrostáticas ejercidas por ambos líquidos sobre la compuerta, localizando, asimismo, sus puntos de aplicación (centro de presiones). El módulo de dichas fuerzas vendrá dado por la siguiente expresión:

$$E = p_{cdg} \cdot \text{Área compuerta}$$

donde p_{cdg} es la presión en el centro de gravedad (cdg) de la compuerta, que se encontrará a un tercio de la base del triángulo. La altura del triángulo corresponderá a la longitud AB, cuyo valor es de: $\sqrt{2^2 + 3^2} = \sqrt{13} = 3.61 \, m$. Por lo tanto la profundidad del centro de gravedad con respecto a cada uno de los líquidos será la siguiente:

Figura 48: Esquema de la profundidad del centro de gravedad de la compuerta AB de Problema 2.9.

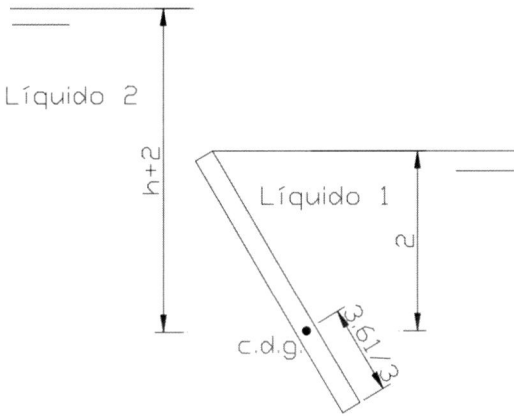

Por lo que los empujes debidos a los líquidos 1 y 2 serán los siguientes:

$$E_1 = p_{cdg1} \cdot \text{Área compuerta} = \gamma_1 \cdot z_{cdg1} \cdot \frac{1}{2} \cdot 1.5 \cdot 3.61 = 9810 \cdot 2 \cdot \frac{1}{2} \cdot 1.5 \cdot 3.61$$

$$E_1 = 53121.15 \ N$$

$$E_2 = p_{cdg2} \cdot \text{Área compuerta} = \gamma_2 \cdot z_{cdg2} \cdot \frac{1}{2} \cdot 1.5 \cdot 3.61 = 0.8 \cdot 9810 \cdot (h+2) \cdot \frac{1}{2} \cdot 1.5 \cdot 3.61 = 21248.46 \cdot (h+2) = 21248.46 \cdot h + 42496.92 \ (N)$$

Para obtener los puntos de aplicación de dichas fuerzas utilizaremos la siguiente expresión:

$$y_{cdp} = y_{cdg} + \frac{I_{xx'}}{y_{cdg} \cdot \text{Área compuerta}}$$

Donde y_{cdg} es la distancia desde el nivel de agua hasta el centro de gravedad de la compuerta medida a lo largo del plano (en este caso inclinado) que contiene a la misma. En el caso del líquido 1 es 2/3la altura del triángulo de la compuerta y en el caso del líquido 2 lo obtendremos por equivalencia de triángulos (o trigonometría):

Figura 49: Esquema de la distancia del centro de gravedad al nivel de los líquidos medida sobre el plano de la compuerta AB de Problema 2.9.

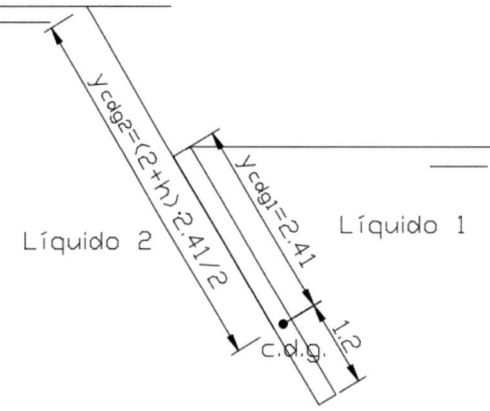

Por otro lado, $I_{xx'}$ es el momento de inercia del área de la compuerta sobre el eje que pasa por su centro de gravedad y que, además, es paralelo a la intersección del plano que contiene a la compuerta y el plano de la superficie libre del agua.

Figura 50: Esquema del eje del momentom de inercia que pasa por el centro de gravedad de la compuerta AB de Problema 2.9.

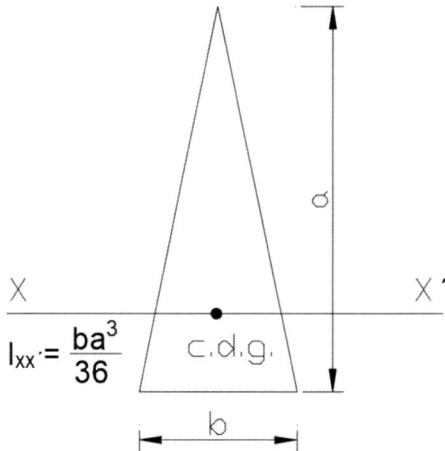

Luego los centros de presiones en uno y en otro caso serán los siguientes:

$$y_{cdp1} = y_{cdg1} + \frac{I_{xx'}}{y_{cdg1} \cdot \text{Área compuerta}} = 2.41 + \frac{\dfrac{1.5 \cdot 3.61^3}{36}}{2.41 \cdot \dfrac{1}{2} \cdot 1.5 \cdot 3.61} = 2.71 \, m$$

$$y_{cdp2} = y_{cdg2} + \frac{I_{xx'}}{y_{cdg2} \cdot \text{Área compuerta}}$$

$$= \frac{(2+h) \cdot 2.41}{2} + \frac{\dfrac{1.5 \cdot 3.61^3}{36}}{\dfrac{(2+h) \cdot 2.41}{2} \cdot \dfrac{1}{2} \cdot 1.5 \cdot 3.61}$$

$$= 2.41 + 1.21 \cdot h + \frac{1.96}{6.53 + 3.26 \cdot h} \ (m)$$

Así, pues el croquis de fuerzas actuantes sobre la compuerta será el siguiente, donde R_{Ax} y R_{Ay} son las reacciones en la rótula y W el peso de la compuerta. En el punto B no existe ninguna reacción debido a que, en el momento de iniciarse la apertura, la compuerta no apoya sobre ese extremo.

Figura 51: Esquema de fuerzas sobre la compuerta AB de Problema 2.9.

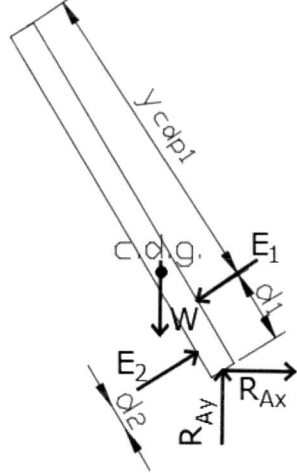

Los valores de d_1 y d_2 vendrán dados por las siguientes expresiones:

$$d_1 = 3.61 - y_{cdp1} = 3.61 - 2.71 = 0.9 \ m$$

$$d_2 = \frac{(3+h) \cdot 3.61}{3} - y_{cdp2} = 3.61 + 1.20 \cdot h - \left(2.41 + 1.21 \cdot h + \frac{1.96}{6.53 + 3.26 \cdot h} \right)$$

$$= 1.2 - 0.01 \cdot h - \frac{1.96}{46.53 + 3.26 \cdot h} \ (m)$$

Tomando momentos de todas las fuerzas sobre el eje A e imponiendo condición de estática, quedaría:

$$\Sigma M_A = 0 = E_1 \cdot d_1 + W \cdot \frac{2}{3} - E_2 \cdot d_2 = 53121.15 \cdot 0.9 + 8000 \cdot \frac{2}{3} - (21248.46 \cdot h +$$

$$42496.92) \cdot \left(1.2 - 0.01 \cdot h - \frac{1.96}{6.53 + 3.26 \cdot h} \right)$$

$$h = 0.60 \ m$$

Problema 2.10.

El cilindro representado en la figura tiene una masa de 700 kg y tiene una longitud de 1 m. Si se llena un lateral hasta 1.2 m de agua, ¿cuál será el coeficiente de rozamiento de la pared en la que apoya el cilindro en el punto A para que no flote?

Figura 52: Esquema del cilindro de Problema 2.10.

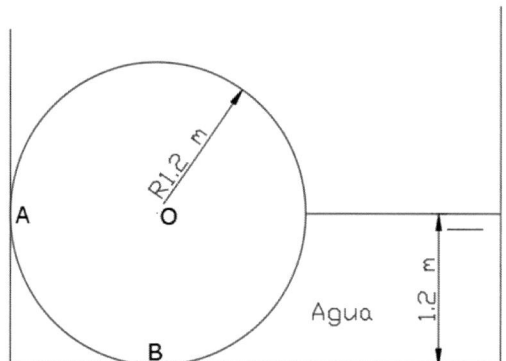

En primer lugar, se calcularán las componentes horizontal y vertical del empuje del agua sobre el cilindro. El empuje horizontal se obtiene proyectando el cilindro sobre un plano vertical y determinando la ley de empujes sobre esa superficie proyectada vertical:

Figura 53: Esquema de distribución de presiones horizontales sobre compuerta A´B´ de Problema 2.10.

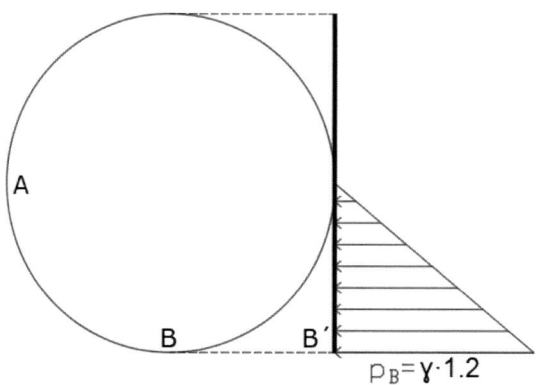

En este caso, el empuje horizontal resultante será:

$$E_h = \frac{1}{2} \cdot \gamma \cdot 1.2 \cdot \text{Área compuerta} = \frac{1}{2} \cdot 9810 \cdot 1.2 \cdot 1.2 \cdot 1 = 7063.2 \, N$$

Y estaría aplicado a 1.2/3 de la base del depósito.

En el caso del empuje vertical se calcula el peso del volumen de agua sobre la compuerta mojada hasta su proyección sobre la línea de agua. En este caso correspondería con un cuadrante del cilindro:

Figura 54: Esquema de empuje vertical sobre cilindro de Problema 2.10.

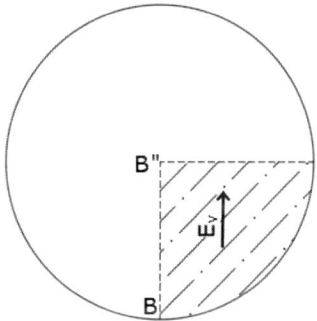

$$E_v = \gamma \cdot Volumen\ encerrado = 9810 \cdot \frac{1}{4} \cdot \pi \cdot 1.2^2 \cdot 1 = 11094.87\ N$$

En el momento que empiece el cilindro a flotar, las fuerzas que estarán actuando sobre el mismo serán las que aparecen en el siguiente dibujo:

Figura 55: Esquema de fuerzas sobre cilindro de Problema 2.10.

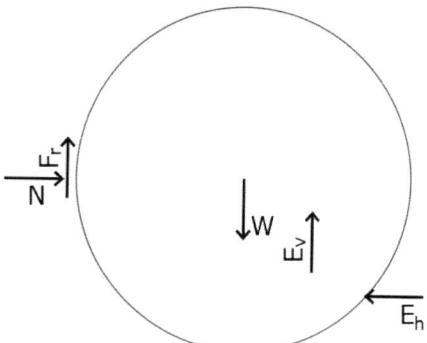

Por equilibrio de fuerzas se deben cumplir las condiciones de que se anulan las fuerzas tanto en el eje vertical como en el horizontal:

$$\sum F_X = 0 = N - E_h = 0 \quad \rightarrow \quad N = E_h = 7063.2\ N\ (\rightarrow)$$

$$\sum F_Y = 0 = E_v + F_r - W = 0 \quad \rightarrow \quad F_r = W - E_v = 700 \cdot 9.81 - 11094.87$$
$$= -4227.87\ N\ (\downarrow)$$

No se tienen en cuenta la reacción en B, pues se considera el estado límite cuando empieza a flotar. Por otro lado, sabiendo además que $F_r = \mu \cdot$ N, tendríamos que:

$$F_r = \mu \cdot N = \mu \cdot 7063.2 = 4227.87$$

$$\mu = 0.5986$$

Problema 3.1.

La figura adjunta representa la sección transversal de una estructura paralelepípeda de 5 m de longitud que está abierta por sus caras frontal y trasera. La densidad de la solera es ρ_1=300 kg/m³, la de las paredes ρ_2=600 kg/m³ y la del forjado ρ_3=800 kg/m³. Todos los elementos tienen 0.10 m de espesor. Determinar justificadamente si dicha estructura es estable.

Figura 56: Esquema de estructura de Problema 3.1.

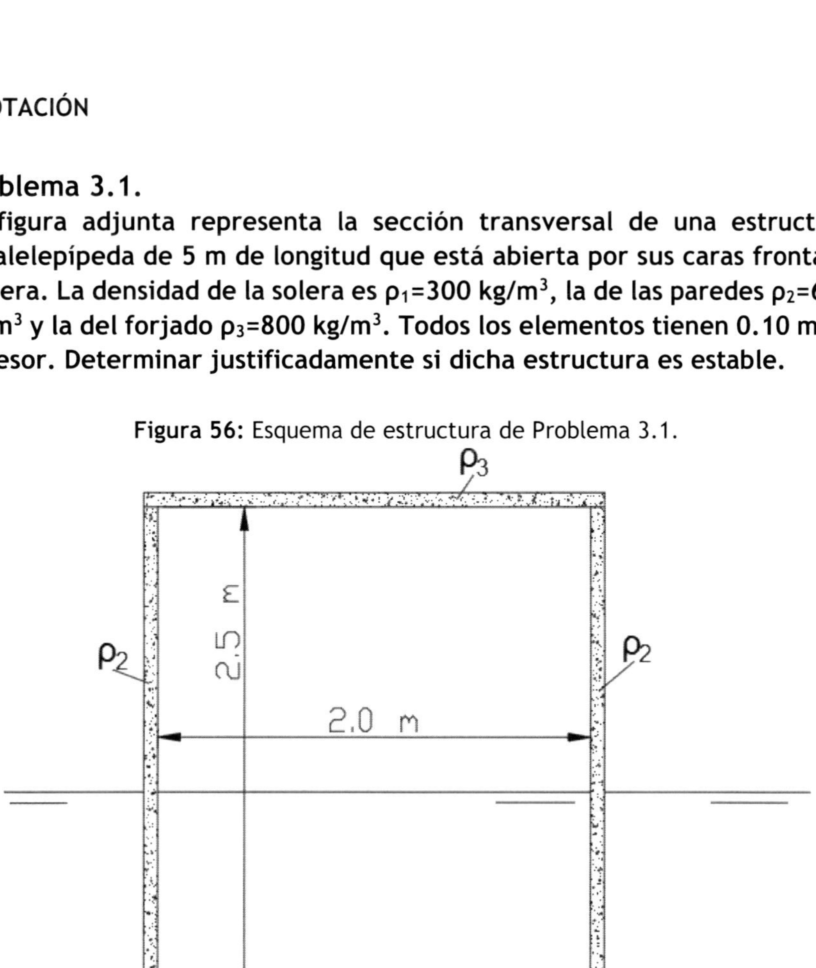

Antes de comprobar la estabilidad de la figura, se calculará qué profundidad de la misma se encuentra emergida y cuál sumergida (h). Para ello planteamos el equilibro estático de dicho elemento, sobre el cual sólo está actuando el peso del mismo (W) y el empuje (E) ejercido por el volumen desalojado:

Figura 57: Esquema de fuerzas sobre estructura de Problema 3.1.

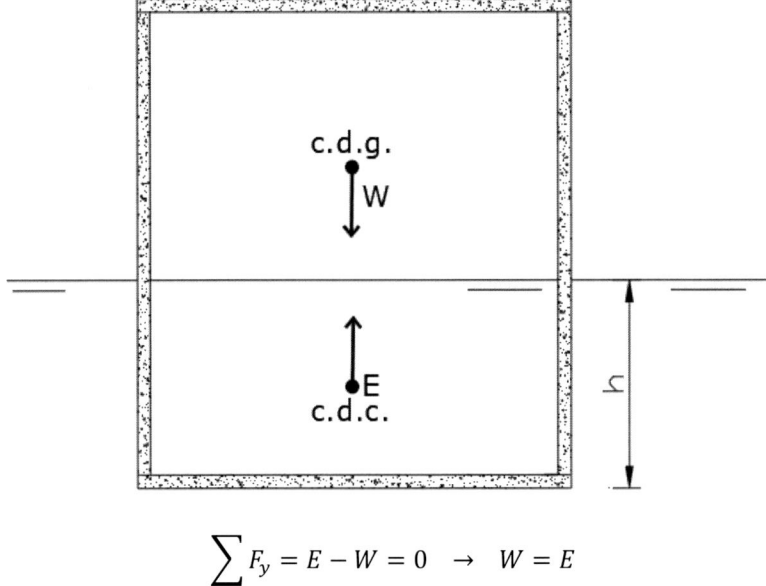

$$\sum F_y = E - W = 0 \quad \rightarrow \quad W = E$$

$$W = 2.2 \cdot 5 \cdot 0.1 \cdot 300 \cdot 9.81 + 2 \cdot 2.5 \cdot 5 \cdot 0.1 \cdot 600 \cdot 9.81 + 2.2 \cdot 5 \cdot 0.1 \cdot 800 \cdot 9.81$$
$$= 3237.3 + 2 \cdot 7357.5 + 8632.8$$

$$E = \gamma_{liquido} \cdot V_{desalojado} = 9810 \cdot (2 \cdot 5 \cdot 0.1 + 2 \cdot h \cdot 5 \cdot 0.10)$$

$$3237.3 + 2 \cdot 7357.5 + 8632.8 = 9810 + 9810 \cdot h$$

$$16775.1 = 9810 \cdot h \ (N)$$

$$h = 1.71 \text{ m}$$

Una vez determinada la parte de figura que se encuentra sumergida, procedemos a calcular la altura a la que se encuentra el centro de gravedad (c.d.g.), centro de carena (c.d.c.) y metacentro para evaluar el equilibrio de la figura.

Como la figura tiene diferentes densidades en cada una de sus partes, determinaremos la altura a la cual se encuentra su centro de gravedad atendiendo al centro de masas de cada uno de los elementos. Tomaremos como origen de las alturas (Z) la base de la figura.

Figura 58: Esquema de localización de pesos de estructura para cálculo de centro de gravedad de Problema 3.1.

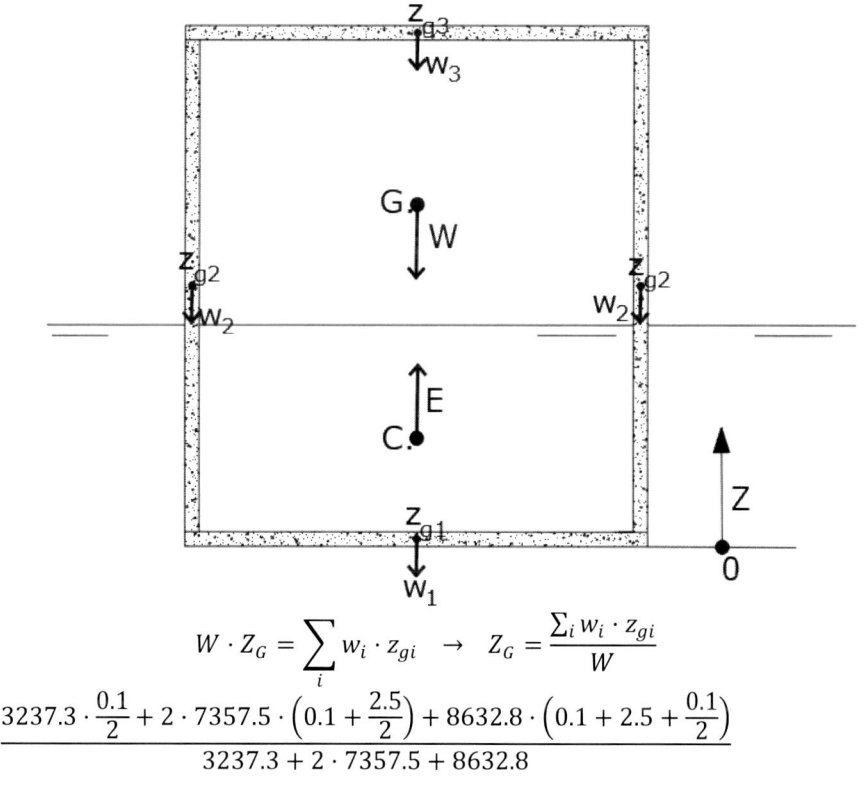

$$W \cdot Z_G = \sum_i w_i \cdot z_{gi} \quad \rightarrow \quad Z_G = \frac{\sum_i w_i \cdot z_{gi}}{W}$$

$$= \frac{3237.3 \cdot \frac{0.1}{2} + 2 \cdot 7357.5 \cdot \left(0.1 + \frac{2.5}{2}\right) + 8632.8 \cdot \left(0.1 + 2.5 + \frac{0.1}{2}\right)}{3237.3 + 2 \cdot 7357.5 + 8632.8}$$

$$Z_G = 1.61 \text{ m}$$

A continuación, se calcula la cota a la que se encuentra el centro de carena. El c.d.c es el centro de gravedad del volumen de líquido desalojado por el prisma:

$$E \cdot Z_C = \sum_i e_i \cdot z_{ci} \quad \rightarrow \quad Z_C = \frac{\sum_i e_i \cdot z_{ci}}{E} = \frac{9810 \cdot \frac{0.1}{2} + 9810 \cdot 1.71 \cdot \frac{1.71}{2}}{9810 + 9810 \cdot 1.71}$$

$$Z_C = 0.56 \text{ m}$$

Figura 59: Esquema de localización de empujes sobre estructura para cálculo de centro de carena de Problema 3.1.

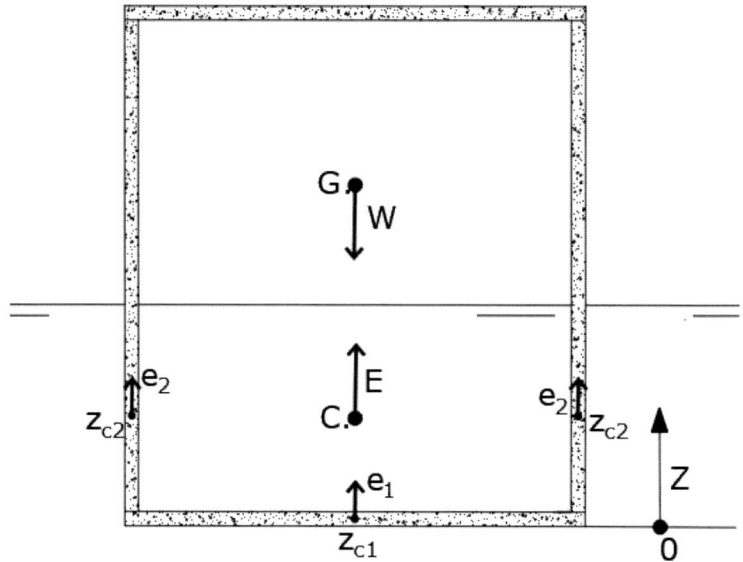

Para determinar si la flotación es estable o no habrá que calcular la cota a la que se encuentra el metacentro a partir de la expresión siguiente que indica la distancia entre el metacentro y el centro de carena:

$$\overline{MC} = \frac{I_{mín}}{V_c}$$

Donde $I_{mín}$ hace referencia al momento de inercia mínimo del área del plano de flotación con respecto a un eje que pase por su centro de gravedad y V_c es el volumen de carena (volumen desalojado).

Para el cálculo del momento de inercia, el área estaría compuesta por dos rectángulos de dimensiones 0.1 x 5.0 m^2 separados una distancia de 2 m, El centro de gravedad de la superficie estaría situado en el punto O de la siguiente figura

De los ejes que pasan por el centro de gravedad, el que presenta un menor momento de inercia sería el eje Y-Y´, que, aplicando el teorema de Steiner, tendría un valor de:

$$I_{mín} = 2 \cdot \frac{5 \cdot 0.10^3}{12} + 2 \cdot 5 \cdot 0.1 \cdot 1.05^2 = 1.10 \; m^4$$

Figura 60: Esquema de cálculo de mínimo momento de inercia del plano de flotación de la estructura de Problema 3.1.

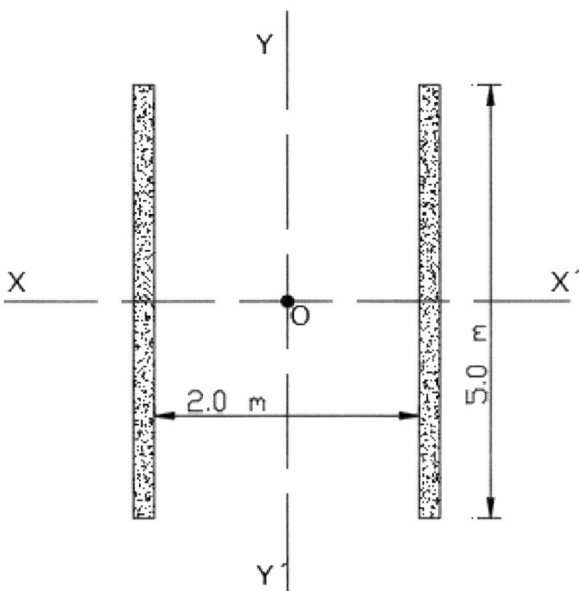

Por otro lado, el volumen de carena será:

$$V_c = Vol_{sumergido} = 2 \cdot 5 \cdot 0.1 + 2 \cdot 1.71 \cdot 5 \cdot 0.10 = 2.71 \, m^3$$

Por lo que la distancia entre el metacentro (M) y el centro de carena (C) valdrá:

$$\overline{MC} = \frac{I_{mín}}{V_c} = \frac{1.10}{2.71} = 0.41 \, m$$

De este valor se puede deducir la cota a la que se encuentra el metacentro:

$$Z_M = Z_C + \overline{MC} = 0.56 + 0.41 = 0.97m$$

Por lo que la flotación será <u>inestable</u> ya que Z$_G$=1.61 m >Z$_M$=0.97 m.

Problema 3.2.

Un cilindro de madera de 500 mm de diámetro y 4 m de largo tiene una densidad relativa de 0.50 y está parcialmente sumergido en agua. Fijado a este, existe un cilindro de hormigón totalmente sumergido de 600 mm de largo del mismo diámetro, con densidad relativa de 2.3. Determine si el conjunto es estable.

Figura 61: Esquema de cilindro de Problema 3.2.

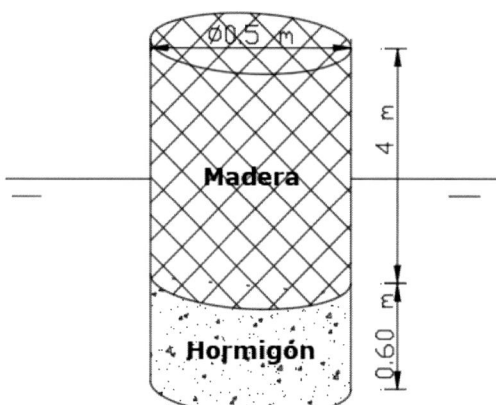

Comenzaremos por determinar cuál es la profundidad sumergida del cilindro. Para ello, aplicaremos el equilibrio estático de las fuerzas que están actuando que son sólo el peso del elemento y el empuje del agua sobre el cilindro sumergido:

Figura 62: Esquema de fuerzas sobre cilindro de Problema 3.2.

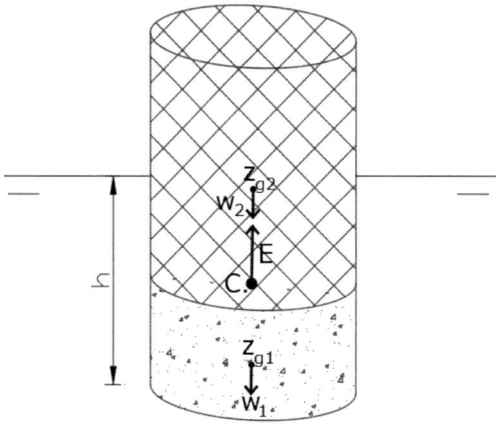

$$\sum F_y = E - W = 0 \quad \rightarrow \quad W = E$$

$$W = w_1 + w_2 = \gamma_1 \cdot Vol_1 + \gamma_2 \cdot Vol_2 = E = \gamma_{agua} \cdot Vol_{sumergido}$$

$$\frac{\pi \cdot 0.5^2}{4} \cdot 4 \cdot 0.5 \cdot 9810 + \frac{\pi \cdot 0.5^2}{4} \cdot 0.6 \cdot 2.3 \cdot 9810 = \frac{\pi \cdot 0.5^2}{4} \cdot h \cdot 9810$$

$$3852.38 + 2658.14 = 1926.19 \cdot h$$

$$h = 3.40 \text{ m}$$

Seguidamente, se determinará la cota del centro de gravedad del cilindro, así como la altura del centro de carena, tomando como origen de las alturas la base del cilindro:

Figura 63: Esquema de fuerzas para determinación de centro de gravedad y carena de cilindro de Problema 3.2.

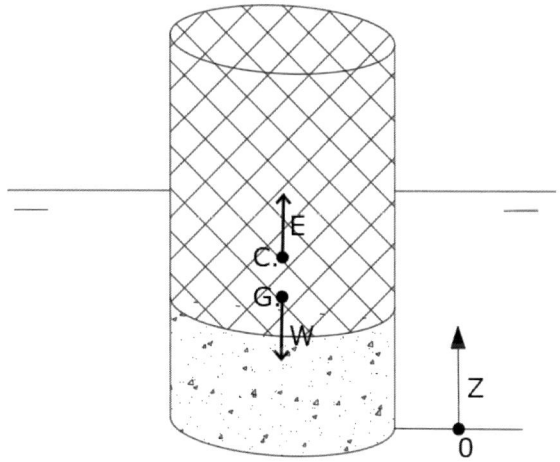

$$W \cdot Z_G = \sum_i w_i \cdot z_{gi} \quad \rightarrow \quad Z_G = \frac{\sum_i w_i \cdot z_{gi}}{W} = \frac{3852.38 * \left(0.6 + \frac{4}{2}\right) + 2658.14 \cdot \frac{0.6}{2}}{3852.38 + 2658.14}$$

$$Z_G = 1.66 \text{ m}$$

El centro de carena (Z_C) es el centro de gravedad del volumen sumergido. C se encuentra a una altura respecto la base del cilindro de h/2:

$$Z_C = 3.40/2 = 1.70 \text{ m}$$

Para calcular la distancia entre el centro de carena al metacentro utilizamos la siguiente expresión:

$$\overline{MC} = \frac{I_{mín}}{V_c}$$

Donde I_{min} hace referencia al momento de inercia mínimo del área del plano de flotación con respecto a un eje que pase por su centro de gravedad y V_c es el volumen de carena. En nuestro caso el área sería un círculo de 0.5 m de diámetro, por lo tanto, quedaría:

$$\overline{MC} = \frac{\frac{\pi \cdot r^4}{4}}{\frac{\pi \cdot D^2}{4} \cdot h} = \frac{\frac{\pi \cdot 0.25^4}{4}}{\frac{\pi \cdot 0.5^2}{4} \cdot 3.4} = 0.0046\, m$$

Por lo que, la cota a la que se encuentra el metacentro sería:

$$Z_M = Z_C + \overline{MC} = 1.70 + 0.0046 = 1.70046\, m$$

Por lo que la flotación será <u>Estable</u> ya que Z_G=1.66 m < Z_M=1.70046 m.

Problema 3.3.

La pieza de la figura adjunta está constituida por un prisma hueco de un material desconocido de espesor 0.50 m, del cual se cuelga una esfera de hormigón (densidad relativa=2.3) de 1 m de radio, flotando el conjunto en un depósito de agua de la manera grafiada. El hueco interior está comunicado con el aire exterior. Determinar:
a) La densidad del material del prisma hueco.
b) Si la flotación es o no estable.

Figura 64: Esquema de figura de Problema 3.3.

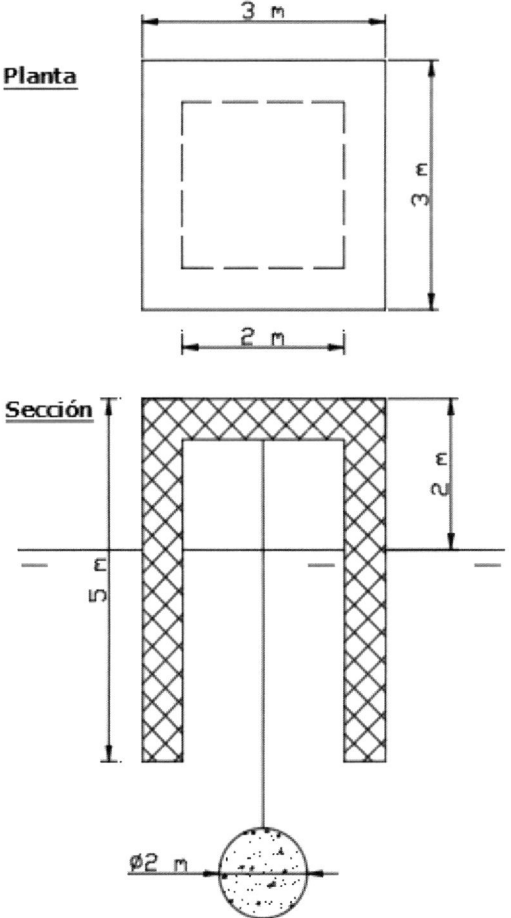

a) La densidad del material del prisma hueco.
Este primer apartado se calculará estableciendo el equilibrio estático en el prisma hueco, por lo que será necesario calcular inicialmente la tensión (T) del cable que sujeta la esfera de hormigón. Para ello, se establecerá el equilibrio estático sobre la esfera:

Figura 65: Esquema de fuerzas sobre la esfera de la figura de Problema 3.3.

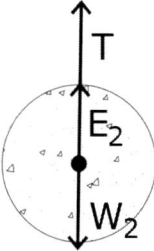

Donde W_2 y E_2 son el peso de la esfera de hormigón y el empuje del agua sobre la misma, respectivamente:

$$\sum F_y = T + E_2 - W_2 = 0 \quad \rightarrow \quad T = W_2 - E_2 = \gamma_e \cdot Vol_e - \gamma_l \cdot Vol_e$$

$$T = 9810 \cdot 2.3 \cdot \frac{4}{3} \cdot \pi \cdot r^3 - 9810 \cdot \frac{4}{3} \cdot \pi \cdot r^3 = 22563 \cdot 4.19 - 9810 \cdot 4.19$$
$$= 53435.07 \, N$$

A continuación, determinaremos la densidad del prisma hueco estableciendo el equilibrio de fuerzas sobre el mismo. Las fuerzas que están actuando sobre el prisma quedan definidas en la siguiente imagen:

Figura 66: Esquema de fuerzas sobre el prisma hueco de la figura de **Problema 3.3.**

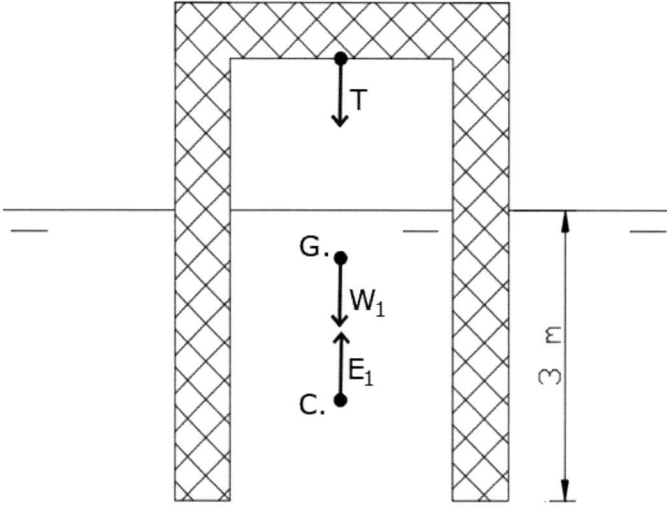

$$\sum F_y = E_1 - W_1 - T = 0 = \gamma_l \cdot Vol_{sum} - \gamma_p \cdot Vol_p - T$$
$$= 9810 \cdot (3 \cdot 3 \cdot 3 - 2 \cdot 2 \cdot 3) - \rho_p \cdot 9.81 \cdot (5 \cdot 3 \cdot 3 - 2 \cdot 2 \cdot 4.5)$$
$$- 53435.07 = 0$$

$$\rho_p = 353.81 \text{ kg/m}^3$$

b) Si la flotación es o no estable.

Para determinar si la flotación es estable o no, hay que comprobar si la cota del metacentro está por encima o por debajo del centro de gravedad. En primer lugar, se calcula la cota del centro de gravedad, a continuación, la cota del centro de carena y por último la cota del metacentro.

En el cálculo del centro de gravedad, habrá de tenerse en cuenta no sólo el peso de la figura sino también la tensión ejercida por el cable que sostiene a la esfera, por lo que su cálculo vendría dado por la siguiente expresión:

$$(W_1 + T) \cdot Z_G = \sum_i w_i \cdot z_{gi} + T \cdot z_T \quad \rightarrow \quad Z_G = \frac{\sum_i w_i \cdot z_{gi} + T \cdot z_T}{W_1 + T}$$

Figura 67: Esquema de descomposición de fuerzas fuerzas para determinación de centro de gravedad y carena del prisma hueco de la figura de Problema 3.3.

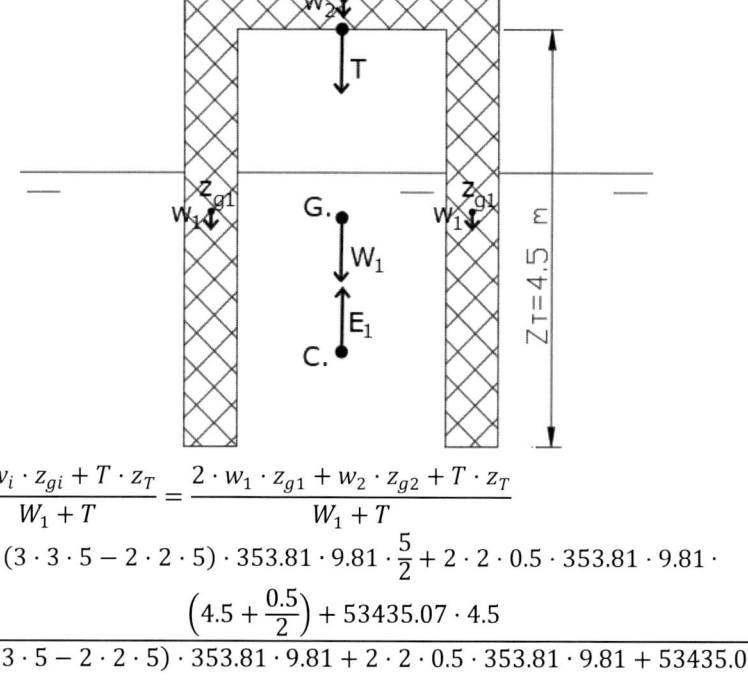

$$Z_G = \frac{\sum_i w_i \cdot z_{gi} + T \cdot z_T}{W_1 + T} = \frac{2 \cdot w_1 \cdot z_{g1} + w_2 \cdot z_{g2} + T \cdot z_T}{W_1 + T}$$

$$= \frac{2 \cdot (3 \cdot 3 \cdot 5 - 2 \cdot 2 \cdot 5) \cdot 353.81 \cdot 9.81 \cdot \frac{5}{2} + 2 \cdot 2 \cdot 0.5 \cdot 353.81 \cdot 9.81 \cdot \left(4.5 + \frac{0.5}{2}\right) + 53435.07 \cdot 4.5}{2 \cdot (3 \cdot 3 \cdot 5 - 2 \cdot 2 \cdot 5) \cdot 353.81 \cdot 9.81 + 2 \cdot 2 \cdot 0.5 \cdot 353.81 \cdot 9.81 + 53435.07}$$

$Z_G = 3.02$ m

El centro de carena (Z_C) se encontraría a una altura respecto la base del prisma hueco de 3/2, es decir 1.5 m.

Para calcular la distancia entre el centro de carena al metacentro utilizamos la siguiente expresión:

$$\overline{MC} = \frac{I_{mín}}{V_c}$$

Donde $I_{mín}$ hace referencia al momento de inercia mínimo del área del plano de flotación con respecto a un eje que pase por su centro de gravedad y V_c es el volumen de carena. En nuestro caso el área sería un cuadrado hueco de 3 x 3 m² exterior y 2 x 2 m² interior:

Figura 68: Esquema de cálculo de mínimo momento de inercia del plano de flotación de la estructura de Problema 3.3.

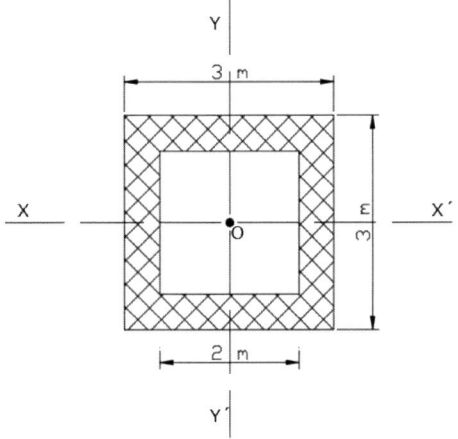

El momento de inercia mínimo es idéntico respecto al eje XX´ que al eje YY´, dada su simetría. Debido a que el momento de inercia tiene propiedad asociativa, calcularemos este momento de inercia por la diferencia entre el cuadrado exterior 3x3 m² menos el cuadrado interior 2x2 m², por lo que la distancia entre metacentro y dentro de carena quedará:

$$\overline{MC} = \frac{I_{mín}}{V_c} = \frac{\frac{1}{12}3\cdot3^3 - \frac{1}{12}2\cdot2^3}{3\cdot3\cdot3 - 2\cdot2\cdot3} = \frac{6.75 - 1.33}{15} = 0.36\ m$$

Por lo que, la cota a la que se encuentra el metacentro sería:

$$Z_M = Z_C + \overline{MC} = 1.50 + 0.36 = 1.86\ m$$

Por lo que la flotación será <u>Inestable</u> ya que Z_G=3.02 m > Z_M=1.86 m.

Problema 3.4.

Sea la pirámide hueca de base cuadrada de la figura de densidad relativa 1.4 y dimensiones exteriores 4x4 m² de base y 4 m de altura y dimensiones interiores 3x3 m² de base y 4 m de altura que flota en agua.

a) Determinar la profundidad sumergida.

b) Justificar razonadamente si la flotación es estable.

Figura 69: Esquema de pirámida hueca de Problema 3.4.

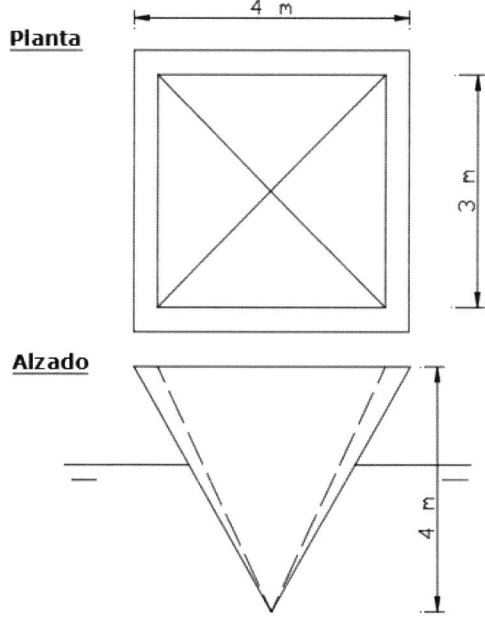

a) Profundidad sumergida.

Para determinar la profundidad sumergida de la pirámide de la figura se aplicará el equilibrio estático de las fuerzas que están actuando sobre la misma, que serán su peso (W) y el empuje del agua (E).

Figura 70: Esquema de fuerzas sobre la pirámida hueca de Problema 3.4.

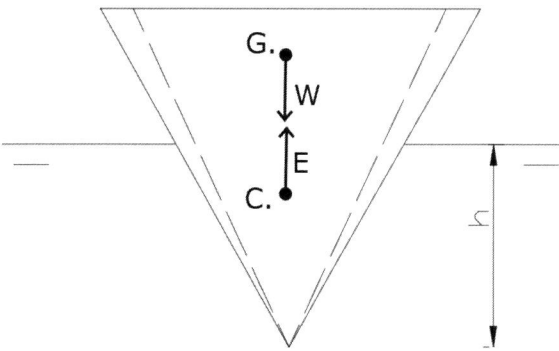

$$\sum F_y = E - W = 0 \quad \rightarrow \quad E = W$$

$$\gamma_l \cdot Vol_{sum} = \gamma_{pr} \cdot Vol_{pr}$$

Mientras que el peso de la pirámide se obtendrá por diferencias del volumen exterior menos el hueco, el volumen sumergido se dejará en función de la altura sumergida (h) mediante la proporcionalidad de triángulos:

Figura 71: Esquema de proporcionalidad de triángulos de Problema 3.4.

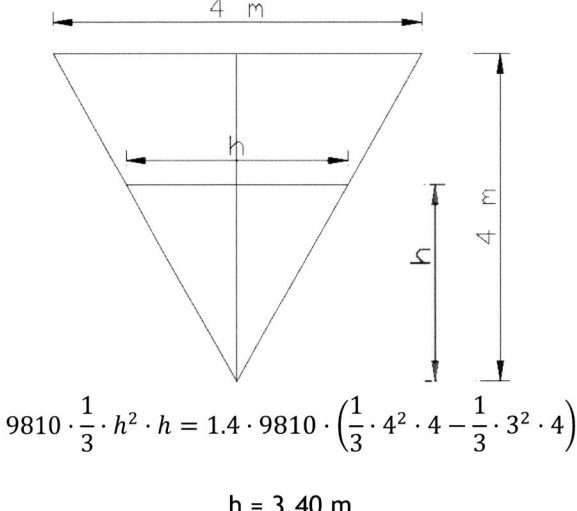

$$9810 \cdot \frac{1}{3} \cdot h^2 \cdot h = 1.4 \cdot 9810 \cdot \left(\frac{1}{3} \cdot 4^2 \cdot 4 - \frac{1}{3} \cdot 3^2 \cdot 4 \right)$$

h = 3.40 m

b) Estabilidad de flotación.
Si la flotación es estable el metacentro deberá encontrarse por encima del centro de gravedad de la figura. El centro de gravedad de la figura se determinará por diferencia entre el centro de gravedad de un prisma macizo menos el prisma hueco interior. (Centro de gravedad de una pirámide respecto de la base G = h/4)

$$W \cdot Z_G = W_{macizo} \cdot Z_{macizo} - W_{hueco} \cdot Z_{hueco}$$

$$Z_G = \frac{W_{macizo} \cdot Z_{macizo} - W_{hueco} \cdot Z_{hueco}}{W}$$

$$= \frac{1.4 \cdot 9810 \cdot \left(\frac{1}{3} \cdot 4^3 \right) \cdot \left(4 - \frac{1}{4} \cdot 4 \right) - 1.4 \cdot 9810 \cdot \left(\frac{1}{3} \cdot 3^2 \cdot 4 \right) \cdot \left(4 - \frac{1}{4} \cdot 4 \right)}{1.4 \cdot 9810 \cdot \left(\frac{1}{3} \cdot 4^3 - \frac{1}{3} \cdot 3^2 \cdot 4 \right)}$$

$$Z_G = 3.00 \text{ m}$$

Figura 72: Esquema de de descomposición de fuerzas para determinación de centro de gravedad y carena de la pirámide hueca de Problema 3.4.

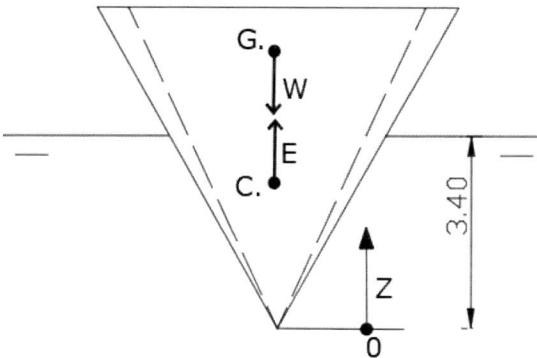

El centro de carena se encontrará a 3/4 de la profundidad sumergida, luego:

$$Z_C = 3/4 \cdot 3.40 = 2.55 \text{ m}$$

Para calcular la distancia entre el centro de carena al metacentro utilizamos la siguiente expresión:

$$\overline{MC} = \frac{I_{mín}}{V_c}$$

Donde $I_{mín}$ hace referencia al momento de inercia mínimo del área del plano de flotación con respecto a un eje que pase por su centro de gravedad y V_c es el volumen de carena. En nuestro caso el área sería un cuadrado de dimensiones 3.40 x 3.40 m², por lo que la distancia entre metacentro y dentro de carena quedará:

$$\overline{MC} = \frac{I_{mín}}{V_c} = \frac{\frac{1}{12} 3.40 \cdot 3.40^3}{\frac{1}{3} \cdot 3.40^2 \cdot 3.40} = 0.85 \text{ m}$$

Por lo que, la cota a la que se encuentra el metacentro sería:

$$Z_M = Z_C + \overline{MC} = 2.55 + 0.85 = 3.40 \text{ m}$$

Por lo que la flotación será <u>Estable</u> ya que Z_G=3 m < Z_M=3.40 m.

Problema 3.5.

Determine el momento en el punto O, producido por una esfera de radio de un metro y densidad relativa de 3 sumergida 0,50 m en agua.

Figura 73: Esquema de figura de Problema 3.5.

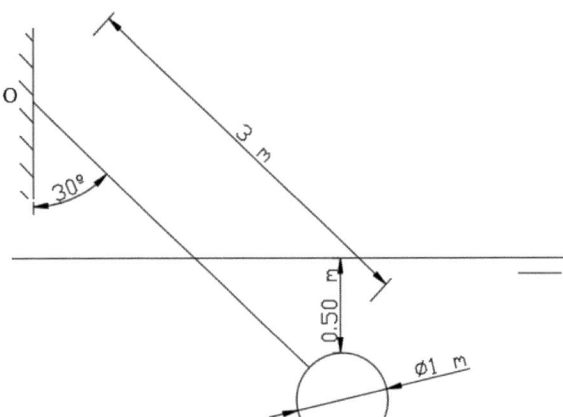

Para determinar el momento que se está produciendo en el empotramiento en el punto O, estableceremos que, estando el sistema en equilibrio estático, la suma de momentos con respecto a cualquier punto de las fuerzas aplicadas sobre el elemento deben anularse. Las fuerzas aplicadas sobre la barra OA serán las siguientes:

Figura 74: Esquema de fuerzas y momentos sobre figura de Problema 3.5.

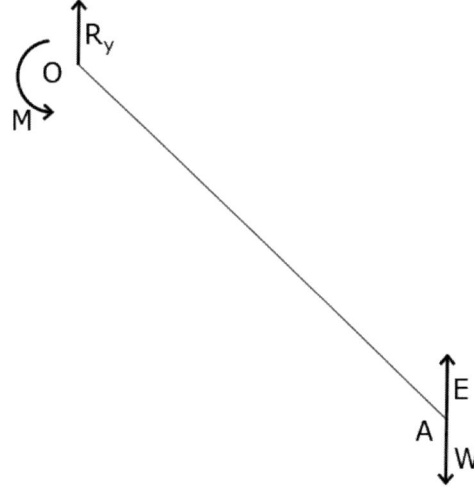

$$\sum M_O = 0 = M + E \cdot 3 \cdot sen30^\circ - W \cdot 3 \cdot sen30^\circ$$

$$M = W \cdot 3 \cdot sen30^\circ - E \cdot 3 \cdot sen30^\circ$$
$$= \frac{4}{3} \cdot \pi \cdot \left(\frac{1}{2}\right)^3 \cdot 3 \cdot 9810 \cdot 3 \cdot sen30^\circ - \frac{4}{3} \cdot \pi \cdot \left(\frac{1}{2}\right)^3 \cdot 9810 \cdot 3$$
$$\cdot sen30^\circ$$

$$M = 4905 \cdot \pi = 15409.51 \text{ N·m}$$

Problema 3.6.
Para realizar trabajos submarinos en una plataforma situada a la cota -100 m se necesita disponer a 20 m sobre ella un flotador sumergido consistente en un cilindro metálico hueco de 4 m de diámetro y 8 m de altura de masa 16 Tm. Se pide:
a) Tensión que ha de resistir al cable del fondo.
b) Dimensión mínima del bloque de lastre que permite mantener sumergido el flotador, suponiendo que tenga forma cúbica y se construya con hormigón de densidad 2500 kg/m³.
Densidad del agua del mar: 1025 kg/m³

Figura 75: Esquema de figura de Problema 3.6.

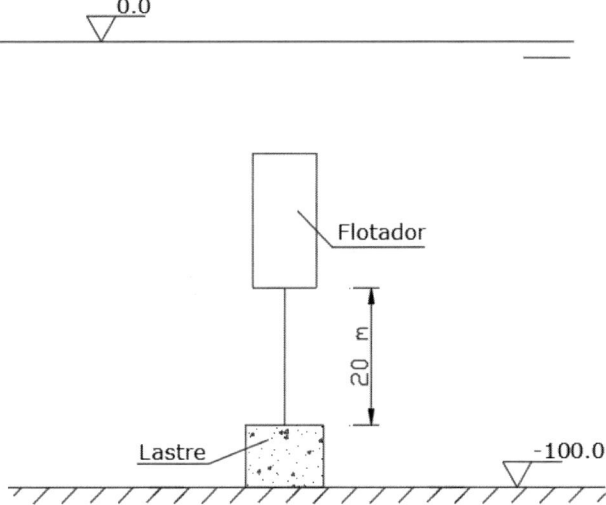

a) Tensión del cable.
Para determinar la tensión cobre el cable, estableceremos el equilibrio estático sobre el flotador y las fuerzas que actúan sobre él, que serán la tensión del cable, el peso del flotador y el empuje del agua sobre éste:

Figura 76: Esquema de fuerzas sobre flotador de Problema 3.6.

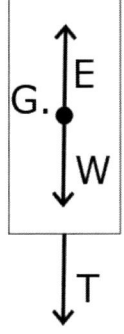

$$\sum F_y = E - W - T = 0 \quad \rightarrow \quad T = E - W = \gamma_l \cdot Vol_{sumergido} - m_{fl} \cdot g$$

$$= 1025 \cdot 9.81 \cdot \pi \cdot \frac{4^2}{4} \cdot 8 - 16000 * 9.81$$

T = 853903.98 N

b) Dimensión lastre.

Para calcular las dimensiones del lastre procederemos a plantear de nuevo el equilibrio estático sobre el mismo. Dado que es un prisma cúbico, se tratará de conocer la longitud del lado del mismo. El volumen mínimo del mismo será aquél que inicia la flotación del lastre y no apoyaría en el fondo del mar. Luego, las fuerzas que actúan sobre el lastre serán su peso, la tensión del cable y empuje del agua sobre el mismo:

Figura 77: Esquema de fuerzas sobre lastre de Problema 3.6.

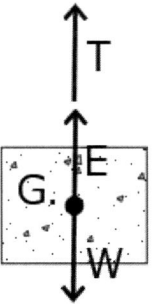

$$\sum F_y = 0 = E + T - W = \gamma_l \cdot Vol_{sumergido} + T - \gamma_H \cdot Vol_H$$
$$= 1025 \cdot 9.81 \cdot l^3 + 853903.98 - 2.5 \cdot 9810 \cdot l^3 = 0$$

l = 3.89 m

ECUACIONES FUNDAMENTALES

Problema 4.1.

Un disco de 200 kg de masa es sustentado del techo mediante un cable tal y como se aprecia en la figura. A una distancia de 1 m del mismo se proyecta un chorro de agua con caudal 10 l/s mediante una tubería de 50 mm de diámetro desviándolo horizontalmente una vez choca contra el disco.

a) Determínese la velocidad del agua a la salida de la tubería y en el momento previo al impacto con el disco.

b) Calcule la tensión del cable.

Figura 78: Esquema de figura de Problema 4.1.

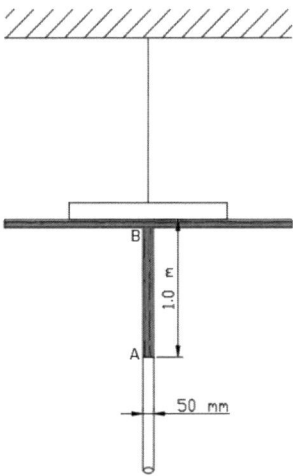

a) **Velocidades.**

Para calcular la velocidad del agua a la salida del tubo, simplemente se procederá por continuidad:

$$v_A = \frac{Q}{S} = \frac{0.010}{\pi \cdot \frac{0'05^2}{4}} = 5.09 \frac{m}{s}$$

En el caso de la velocidad en el punto de impacto con el disco (B) que se encuentra a 1 m de altura con respecto a la salida de la tubería (A), se aplicará el principio de Bernoulli entre ambos puntos:

$$H_A = H_B + \Delta h_A^B$$

Se considera que no hay pérdidas significativas entre ambos puntos, resultando, por tanto:

$$H_A = H_B = z_A + \frac{P_A}{\gamma} + \frac{v_A^2}{2g} = z_B + \frac{P_B}{\gamma} + \frac{v_B^2}{2g}$$

Tomando como origen de alturas el punto A (z_A=0) y teniendo en cuenta que en ambos puntos sólo actúa la presión atmosférica (presiones relativas en A y B son nulas), nos quedaría la siguiente ecuación:

$$z_A + \frac{P_A}{\gamma} + \frac{v_A^2}{2g} = z_B + \frac{P_B}{\gamma} + \frac{v_B^2}{2g} = 0 + 0 + \frac{5.09^2}{2g} = 1 + 0 + \frac{v_B^2}{2g}$$

Resultando por tanto la velocidad en el punto B:

$$v_B = \sqrt{\left(\frac{5.09^2}{2g} - 1)\right) \cdot 2g} = 2.51 \frac{m}{s}$$

b) Tensión del cable

Para calcular la tensión que está soportando el cable que sustenta al disco, se aplicará el principio de conservación de la cantidad de movimiento sobre el volumen de control que contiene al disco. El esquema resultante de dicho volumen de control queda reflejado en la siguiente figura:

Figura 79: Volumen de control sobre disco de Problema 4.1.

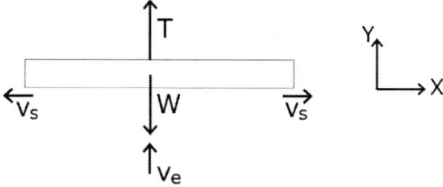

Donde T es la tensión del cable, W es el peso del disco y v_e y v_s son las velocidades de entrada y salida del flujo en el volumen de control referido. Aplicando el principio de la conservación de la cantidad de movimiento sobre el eje Y nos queda la siguiente ecuación:

$$\sum F_y = \sum_{sal} \rho \cdot Q \cdot v_y - \sum_{ent} \rho \cdot Q \cdot v_y$$

$$T - W = 1000 \cdot 0'01 \cdot 0 - 1000 \cdot 0'01 \cdot 2.51$$

$$T = 200 \cdot 9.81 - 1000 \cdot 0'01 \cdot 2.51 = 1962 - 25.1 = 1936.9 \ N$$

Problema 4.2.

Un gran disco de 10 kg. de peso está montado de tal forma que puede moverse con entera libertad a lo largo de un eje vertical, manteniéndose horizontal. Debajo del disco, existe una tubería que produce un chorro de agua vertical cuya velocidad de salida es de 8 m/s y un diámetro inicial de 7 cm. Suponiendo que el disco desvía el agua horizontalmente, ¿a qué altura sobre la manga se mantendrá el disco en equilibrio por efecto de la fuerza del chorro?

De acuerdo al enunciado, el esquema de los flujos y fuerzas actuando sobre el disco sería el siguiente.

Figura 80: Esquema de figura de Problema 4.2.

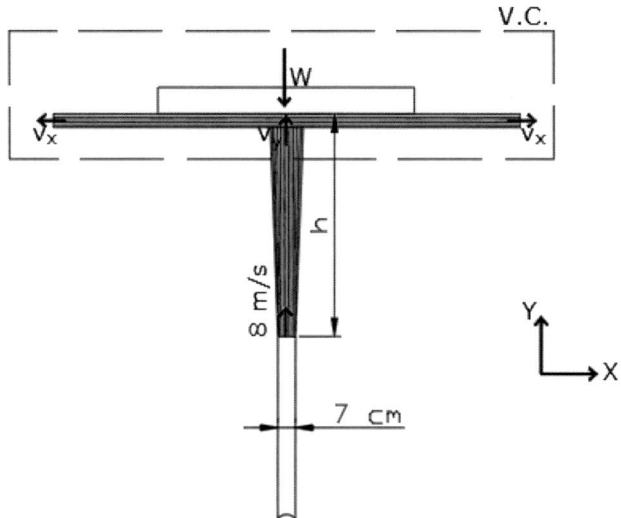

Donde W es el peso del disco, v_y es la velocidad del chorro al impactar con el disco y v_x la velocidad de salida horizontal del flujo tras impactar con el disco. Se tomará como volumen de control (V.C.) el disco, junto a el flujo que impacta verticalmente sobre él (v_y) y el que sale horizontalmente (v_x).

Sabiendo la velocidad de salida de la tubería y la sección de la misma podemos calcular el caudal como:

$$Q = v \cdot S = v \cdot \frac{\pi \cdot D^2}{4} = 8 \cdot \frac{\pi \cdot 0.07^2}{4} = 0.0308 \; \frac{m^3}{s}$$

A continuación, aplicaremos el principio de conservación de cantidad de movimiento sobre el volumen de control elegido en el eje Y:

$$\sum F_y = \sum_{sal} \rho \cdot Q \cdot v_y - \sum_{ent} \rho \cdot Q \cdot v_y$$

La única fuerza que está actuando en dicho V.C. es el peso del disco y no existe flujo de salida en el eje Y, por lo que, la expresión anterior quedará de la siguiente forma:

$$-W = 0 - 1000 \cdot 0'0308 \cdot v_y$$

$$-10 \cdot 9.81 = -30.8 \cdot v_y$$

$$v_y = 3.18 \text{ m/s}$$

Una vez conocida la velocidad de impacto del chorro de agua sobre el disco aplicaremos el principio de conservación de la energía entre la salida de la manguera y el choque con el disco.

Figura 81: Esquema de chorro de agua entre salida de maguera y choque con disco de Problema 4.2.

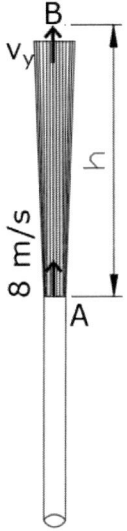

$$H_A = H_B + \Delta h_A^B$$

Se consideran que las pérdidas de carga de A a B son despreciables ($\Delta h_A^B = 0$), quedando, por tanto:

$$z_A + \frac{P_A}{\gamma} + \frac{v_A^2}{2g} = z_B + \frac{P_B}{\gamma} + \frac{v_B^2}{2g}$$

Considerando las presiones relativas en A y B son nulas, teniendo en cuenta que en ambos puntos sólo actúa la presión atmosférica y tomando como referencia de cotas el punto A (z_A=0), queda finalmente:

$$0 + 0 + \frac{8^2}{2g} = h + 0 + \frac{3.18^2}{2g}$$

$$3.26 = h + 0.52$$

$$h = 2.74\ m$$

Problema 4.3.

A una altura de 1 m sobre una báscula se proyecta a través de una manguera de 5 cm de diámetro un líquido de densidad 800 kg/m³ a una velocidad de 1 m/s tal y como aparece en la figura. Determinar:

a) La velocidad del líquido en el momento del impacto.

b) El peso que mostrará la báscula si el líquido es despedido horizontalmente cuando impacta con la misma.

Figura 82: Esquema de figura de Problema 4.3.

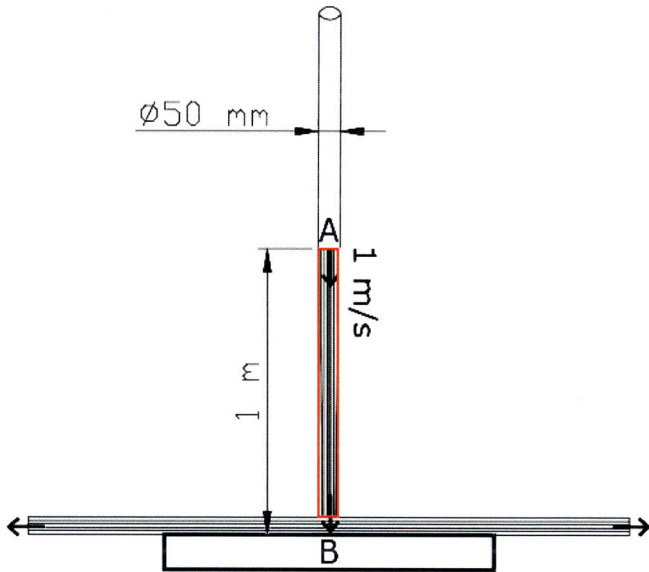

a) Velocidad del líquido en el impacto.

Para conocer la velocidad del líquido en el momento del impacto contra la báscula utilizaremos el principio de conservación de la energía entre los puntos A y B, considerando que no existen pérdidas de carga en el recorrido.

$$H_A = H_B + \Delta h_A^B$$

$$z_A + \frac{P_A}{\gamma} + \frac{v_A^2}{2g} = z_B + \frac{P_B}{\gamma} + \frac{v_B^2}{2g} + \Delta h_A^B$$

Planteamos el origen de las cotas en B (z_B=0) y las presiones relativas en A y B igual a cero (atmosféricas), quedando, por tanto:

$$1 + 0 + \frac{1^2}{2g} = 0 + 0 + \frac{v_B^2}{2g} + 0$$

$$v_B = 4.54 \, \frac{m}{s}$$

b) Peso que mostrará la báscula

En este caso, aplicaremos el principio de conservación de la cantidad del movimiento en el eje Y sobre el volumen de control que incluye a la báscula junto al flujo que choca contra ella y el despedido horizontalmente, tal y como aparece en la siguiente figura.

Figura 83: Volumen de control sobre báscula de Problema 4.3.

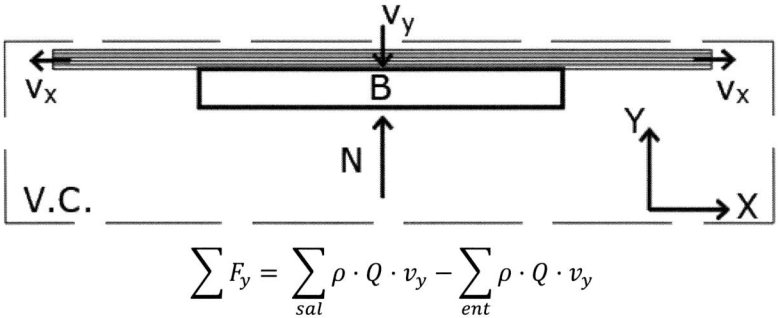

$$\sum F_y = \sum_{sal} \rho \cdot Q \cdot v_y - \sum_{ent} \rho \cdot Q \cdot v_y$$

N representa la reacción del suelo sobre la báscula, que correspondería con la lectura de la misma.
El caudal se calculará a la salida de la tubería, ya que sabemos la sección del conducto:

$$Q = v_A \cdot A_A = 1 \cdot \pi \frac{D^2}{4} = 1 \cdot \pi \cdot \frac{0.05^2}{4} = 0.00196 \frac{m^3}{s}$$

Por lo tanto, la ecuación de conservación de movimiento aplicado a este caso concreto quedará:

$$N = 0 - (-800 * 0.00196 \cdot 4.54) = 7.12 \, N$$

Para saber la masa que leerá la báscula, tan sólo dividiríamos por el valor de la gravedad:

$$m = \frac{P}{g} = \frac{7.12}{9.81} = 0.726 \, kg = 726 \, gr$$

Problema 4.4.

Sobre el extremo de una placa de 2 m de largo que se encuentra articulada en uno de sus extremos incide un chorro horizontal de agua procedente de una tubería, tal y como aparece en la figura adjunta, desviándose verticalmente tras el choque. Si la presión relativa en la sección 1 es de 500 kPa y la pérdida de carga entre las secciones 1 y 2 es 1 m.c.a., determinar el peso de la placa.

Figura 84: Esquema de figura de Problema 4.4.

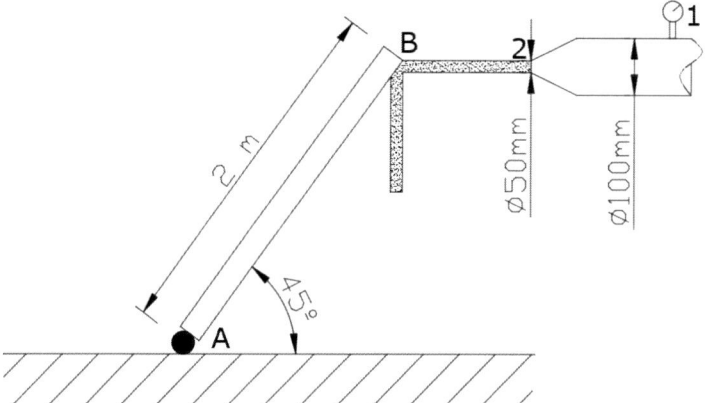

En primer lugar, determinaremos la velocidad con la que incide el chorro en el extremo de la placa, es decir, en el punto B. Para ello plantearemos la ecuación de conservación de la energía entre el punto 1 y el punto 2:

$$H_1 = H_2 + \Delta h_1^2$$

$$z_1 + \frac{P_1}{\gamma} + \frac{v_1^2}{2g} = z_2 + \frac{P_2}{\gamma} + \frac{v_2^2}{2g} + \Delta h_1^2$$

Sabiendo que en 1 y 2 la cota de las tuberías es la misma ($z_1 = z_2$) y que en 2 la presión es la atmosférica y, por tanto, la presión relativa es cero, la expresión anterior queda como sigue:

$$\frac{500000}{9810} + \frac{v_1^2}{2g} = \frac{0}{9810} + \frac{v_2^2}{2g} + 1$$

Además, escribiremos las velocidades en ambas tuberías en función del caudal, quedando:

$$50.97 + \frac{\dfrac{Q^2}{\left(\dfrac{\pi \cdot D_1^2}{4}\right)^2}}{2g} = \frac{\dfrac{Q^2}{\left(\dfrac{\pi \cdot D_2^2}{4}\right)^2}}{2g} + 1$$

$$50.97 + \frac{\dfrac{Q^2}{\left(\dfrac{\pi \cdot 0.1^2}{4}\right)^2}}{2g} = \frac{\dfrac{Q^2}{\left(\dfrac{\pi \cdot 0.05^2}{4}\right)^2}}{2g} + 1$$

$$Q = 0.0635 \ m^3/s$$

Por lo tanto, la velocidad en el punto B será:

$$v_1 = \frac{Q}{\dfrac{\pi \cdot D_1^2}{4}} = \frac{0.0635}{\dfrac{\pi \cdot 0.1^2}{4}} = 8.08 \ \frac{m}{s}$$

Finalmente, aplicaremos la ecuación de conservación del momento cinético, tomando momentos en el punto A, sobre el volumen de control definido en el siguiente croquis:

Figura 85: Volumen de control sobre placa de Problema 4.4.

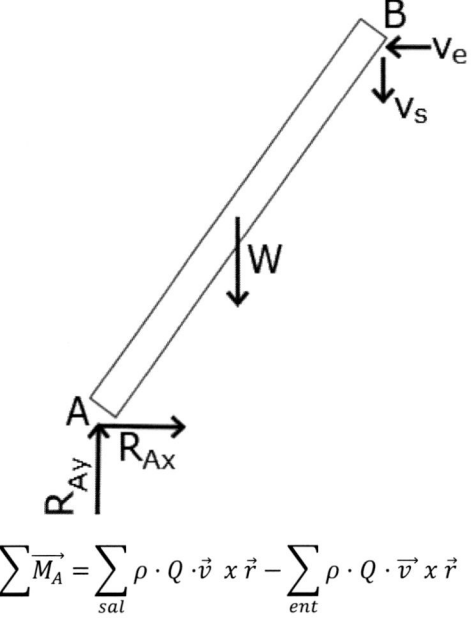

$$\sum \vec{M_A} = \sum_{sal} \rho \cdot Q \cdot \vec{v} \ x \ \vec{r} - \sum_{ent} \rho \cdot Q \cdot \vec{v} \ x \ \vec{r}$$

Las reacciones de la rótula en el punto A no provocan ningún momento sobre dicho punto, por lo que la única fuerza que da un momento sería el peso W, quedando la anterior ecuación de la siguiente forma:

$$-W \cdot \frac{2}{2} \cdot cos45° = -1000 \cdot 0.0635 \cdot 8.08 \cdot 2 \cdot cos45° - 1000 \cdot 0.0635 \cdot 8.08 \cdot 2 \cdot sen45°$$

W = 2052.32 N → m = 209.21 kg

Problema 4.5.

Determinar la tensión en los dos cables que sujetan el recipiente cilíndrico de la figura adjunta (de peso despreciable) de 0,80 m de diámetro y 0,80 m de altura que se encuentra lleno de agua al 60% de su capacidad, el cual ha sido agujereado en el centro de su base con un diámetro de 10 cm.

Figura 86: Esquema de figura de Problema 4.5.

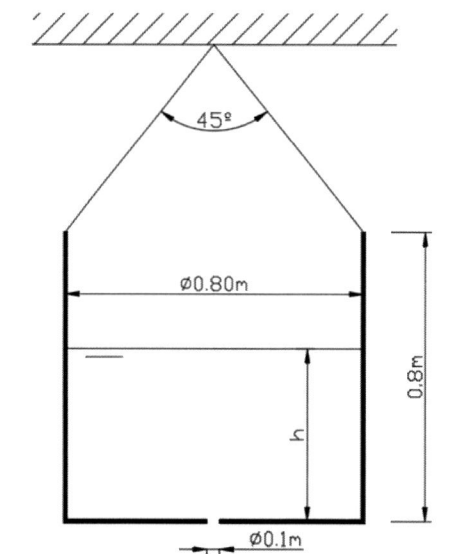

Si el depósito se encuentra al 60% de su capacidad h = 0.6 ·0.8 = 0.48 m.

En primer lugar, se determinará a qué velocidad sale el agua por el orificio practicado en la parte inferior del depósito. Para ello, se plantea la ecuación de Bernoulli entre el nivel del agua (A) y el punto por donde sale al exterior, en el orificio (B).

Figura 87: Planteamiento de Bernouilli en el recipiente de Problema 4.5.

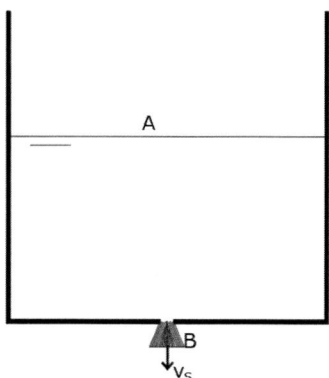

$$H_A = H_B + \Delta h_A^B$$

$$z_A + \frac{P_A}{\gamma} + \frac{v_A^2}{2g} = z_B + \frac{P_B}{\gamma} + \frac{v_B^2}{2g} + \Delta h_A^B$$

Tomando $z_B=0$, presiones atmosféricas en A y B, despreciando las pérdidas de carga y poniendo las velocidades en función del caudal, queda:

$$0.48 + 0 + \frac{\dfrac{Q^2}{\left(\dfrac{\pi \cdot 0.8^2}{4}\right)^2}}{2g} = 0 + 0 + \frac{\dfrac{Q^2}{\left(\dfrac{\pi \cdot 0.1^2}{4}\right)^2}}{2g} + 0$$

$$Q = 0.0241 \ \frac{m^3}{s} \rightarrow v_s = \frac{Q}{\dfrac{\pi \cdot D^2}{4}} = \frac{0.0241}{\dfrac{\pi \cdot 0.1^2}{4}} = 3.07 \ \frac{m}{s}$$

El volumen de control (V.C.) que se ha seleccionado para aplicar la ecuación de conservación de la cantidad de movimiento es el que aparece en la siguiente figura:

Figura 88: Volumen de control sobre el recipiente de Problema 4.5.

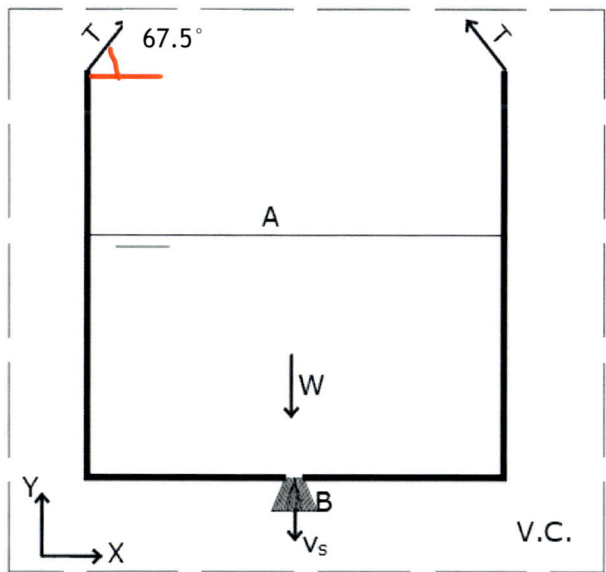

Planteando la ecuación de conservación de la cantidad de movimiento en el eje Y, nos quedaría:

$$\sum F_y = \sum_{sal} \rho \cdot Q \cdot v_y - \sum_{ent} \rho \cdot Q \cdot v_y$$

$$2 \cdot T \cdot sen67.5^{\circ} - W = -1000 \cdot 0.0241 \cdot 3.07 - 0$$

Al no existir flujo de entrada en el volumen de control, este término se anula. Considerando despreciable el peso del depósito, el único peso que actuaría en nuestro sistema sería el peso del agua en el interior del mismo:

$$2 \cdot T \cdot sen67.5^{\circ} - \gamma \cdot Volumen\ agua = -1000 \cdot 0.0241 \cdot 3.07 - 0$$

$$2 \cdot T \cdot sen67.5^{\circ} - 9810 \cdot \pi \cdot \frac{0.8^2}{4} \cdot 0.48 = -1000 \cdot 0.0241 \cdot 3.07 - 0$$

$$T = 1240.92\ N$$

Problema 4.6.

Un chorro de agua de 50 mm de diámetro y velocidad v=2.5 m/s está llenando el depósito de la figura. La masa del depósito es de 20 kg y contiene 100 litros de agua en ese instante. Determine el mínimo coeficiente de rozamiento entre el suelo y el depósito para que no exista fuerza ejercida sobre el tope A.

Figura 89: Esquema de la figura de Problema 4.6.

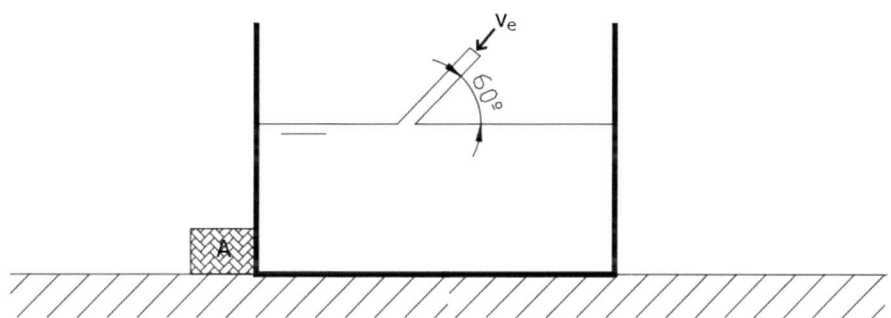

En primer lugar, se determina el caudal que está entrando en el depósito en ese momento, así como el peso del agua y del depósito.

$$Q = v_e \cdot S = 2.5 \cdot \frac{\pi \cdot 0.05^2}{4} = 0.0049 \, \frac{m^3}{s}$$

$$W = m_{depósito} \cdot g + \gamma \cdot Volumen_{agua} = 20 \cdot 9.81 + 9810 \cdot 0.1 = 1177.2 \, N$$

Tomando como volumen de control el depósito aislado del suelo y del tope, el esquema de fuerzas y flujos en el sistema será el siguiente:

Figura 90: Volumen de control sobre el depósito de Problema 4.6.

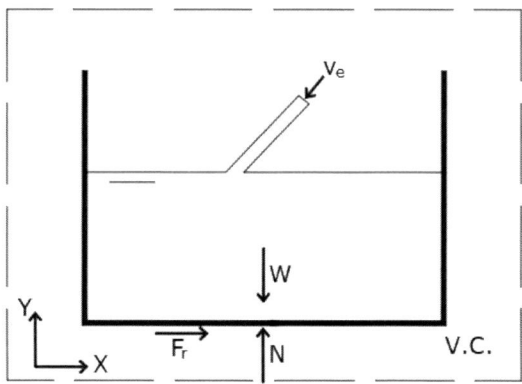

Se procederá, a continuación, a aplicar el principio de conservación de la cantidad movimiento tanto en el eje X, como en el eje Y:

$$\sum F_x = \sum_{sal} \rho \cdot Q \cdot v_x - \sum_{ent} \rho \cdot Q \cdot v_x$$

$$F_r = 0 - 1000 \cdot 0.0049 \cdot (-2.5 \cdot cos60º) = 6.13 \, N$$

$$\sum F_y = \sum_{sal} \rho \cdot Q \cdot v_y - \sum_{ent} \rho \cdot Q \cdot v_y$$

$$N - W = 0 - 1000 \cdot 0.0049 \cdot (-2.5 \cdot sen60º) = 10.61 \, N$$

$$N = 1177.2 + 10.61 = 1187.81 \, N$$

Al ser $F_r = \mu \cdot N$ entonces:

$$\mu = \frac{F_r}{N} = \frac{6.13}{1187.81} = 0.0052$$

Problema 4.7.

En la pieza horizontal en "T" de la figura, la presión de entrada es p_1 = 300 kPa (relativa) y el fluido que circula en ella es agua. Calcular:
a) La presión en las tuberías 2 y 3
b) La magnitud y dirección de la fuerza que ejerce el fluido sobre la tubería
Despreciad las pérdidas de carga en la bifurcación, las fuerzas de fricción y el peso del agua contenida dentro de la pieza.

Figura 91: Esquema de la pieza en T de Problema 4.7.

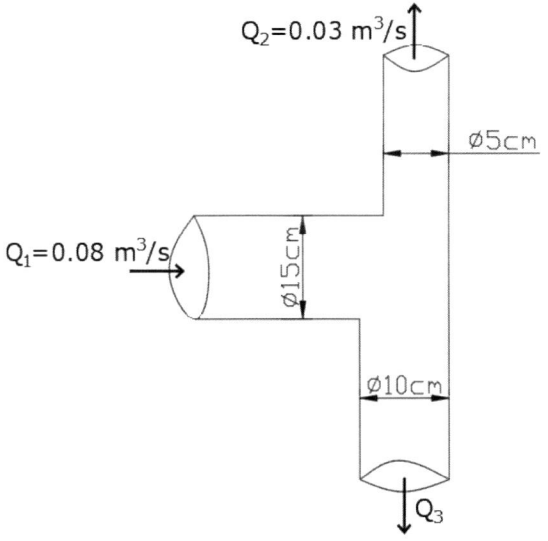

a) La presión en las tuberías 2 y 3
Para resolver este apartado aplicaremos Bernoulli entre el punto de entrada del agua (1) y los puntos de salida de los caudales (2 y 3). En primer lugar, determinaremos, aplicando el principio de continuidad, el caudal Q_3:

$$\sum Q_{entrantes} = \sum Q_{salientes}$$

$$Q_1 = Q_2 + Q_3 \rightarrow Q_3 = Q_1 - Q_2 = 0.08 - 0.03 = 0.05 \ \frac{m^3}{s}$$

Una vez que conocemos todos los caudales, obtendremos las velocidades en cada uno de los conductos que conforman la "T" del problema:

$$v_1 = \frac{Q_1}{A_1} = \frac{0.08}{\frac{\pi \cdot 0.15^2}{4}} = 4.53 \ \frac{m}{s}$$

$$v_2 = \frac{Q_2}{A_2} = \frac{0.03}{\frac{\pi \cdot 0.05^2}{4}} = 15.28 \frac{m}{s}$$

$$v_3 = \frac{Q_1}{A_1} = \frac{0.05}{\frac{\pi \cdot 0.10^2}{4}} = 6.37 \frac{m}{s}$$

Aplicamos, a continuación, el principio de Bernoulli entre el punto 1 y el punto 2:

$$z_1 + \frac{P_1}{\gamma} + \frac{v_1^2}{2g} = z_2 + \frac{P_2}{\gamma} + \frac{v_2^2}{2g} + \Delta h_1^2$$

Considerando que la pieza está en horizontal y despreciando las pérdidas de carga, nos queda:

$$\frac{P_1}{\gamma} + \frac{v_1^2}{2g} = \frac{P_2}{\gamma} + \frac{v_2^2}{2g} \rightarrow \frac{P_2}{\gamma} = \frac{P_1}{\gamma} + \frac{v_1^2}{2g} - \frac{v_2^2}{2g} = \frac{300000}{9810} + \frac{4.53^2}{2 \cdot 9.81} - \frac{15.28^2}{2 \cdot 9.81}$$
$$= 19.72 \, mc.a.$$

P$_2$ = 193521.25 Pa = 193.52 kPa

De igual forma, calculamos la presión en el punto 3. Aplicamos Bernouilli entre el punto 1 y el punto 3:

$$z_1 + \frac{P_1}{\gamma} + \frac{v_1^2}{2g} = z_3 + \frac{P_3}{\gamma} + \frac{v_3^2}{2g} + \Delta h_1^3$$

De igual forma, consideramos que las pérdidas son despreciables y que las cotas de los puntos 1 y 3 son idénticas, resultando:

$$\frac{P_1}{\gamma} + \frac{v_1^2}{2g} = \frac{P_3}{\gamma} + \frac{v_3^2}{2g} \rightarrow \frac{P_3}{\gamma} = \frac{P_1}{\gamma} + \frac{v_1^2}{2g} - \frac{v_3^2}{2g} = \frac{300000}{9810} + \frac{4.53^2}{2 \cdot 9.81} - \frac{6.37^2}{2 \cdot 9.81}$$
$$= 29.56 \, m.c.a.$$

P$_3$ = 289972 Pa = 290 kPa

b) La magnitud y dirección de la fuerza que ejerce el fluido sobre la tubería
Para resolver este apartado aplicaremos el principio de conservación de la cantidad de movimiento sobre el volumen de control constituido por la pieza

en "T" y calcularemos la fuerza necesaria para mantener el equilibrio, tal y como aparece en la siguiente figura:

Figura 92: Volumen de control sobre la pieza en T de Problema 4.7.

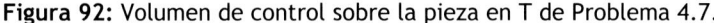

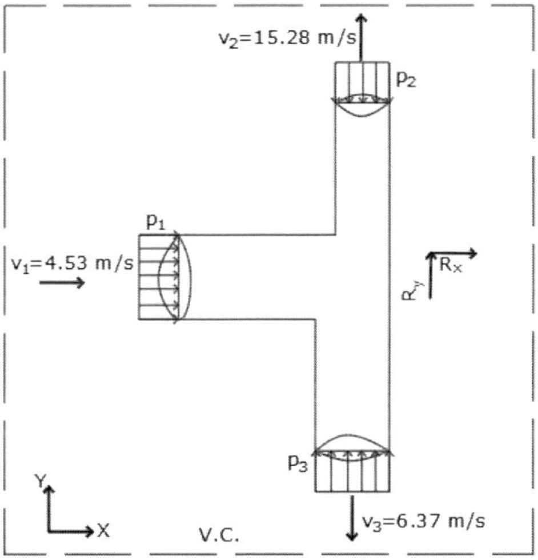

$$\sum F_x = \sum_{sal} \rho \cdot Q \cdot v_x - \sum_{ent} \rho \cdot Q \cdot v_x$$

$$R_x + p_1 \cdot A_1 = 0 - \rho \cdot Q_1 \cdot v_1 \quad \rightarrow \quad R_x = -p_1 \cdot A_1 - \rho \cdot Q_1 \cdot v_1$$

$$R_x = -300000 \cdot \frac{\pi \cdot 0.15^2}{4} - 1000 * 0.08 \cdot 4.53 = -5663.84 \, N \, (\leftarrow)$$

$$\sum F_y = \sum_{sal} \rho \cdot Q \cdot v_y - \sum_{ent} \rho \cdot Q \cdot v_y$$

$$R_y - p_2 \cdot A_2 + p_3 \cdot A_3 = \rho \cdot Q_2 \cdot v_2 - \rho \cdot Q_3 \cdot v_3 - 0$$

$$R_y = p_2 \cdot A_2 - p_3 \cdot A_3 + \rho \cdot Q_2 \cdot v_2 - \rho \cdot Q_3 \cdot v_3$$

$$R_y = 193521.25 \cdot \frac{\pi \cdot 0.05^2}{4} - 289972 \cdot \frac{\pi \cdot 0.10^2}{4} + 1000 \cdot 0.03 \cdot 15.28 - 1000 \cdot 0.05 \cdot 6.37 = -1757.56 \, N \, (\downarrow)$$

Luego las componentes de la fuerza que ejerce el agua sobre la "T" tendrán el mismo módulo y dirección y sentido contrario:

105

$$R_{x\_agua} = 5663.84\ N\ (\rightarrow)$$

$$R_{y\_agua} = 1757.56\ N\ (\uparrow)$$

Figura 93: Descomposición de fuerza del agua sobre pieza en T de Problema 4.7.

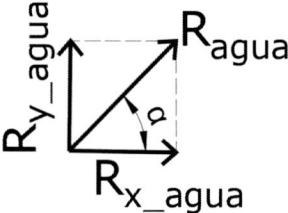

Luego, el módulo de la fuerza ejercida por el agua será:

$$\left|\overrightarrow{R_{agua}}\right| = \sqrt{R_{x\_agua}^{2} + R_{y\_agua}^{2}} = \sqrt{5663.84^2 + 1757.56^2} = 5930.27\ N$$

Y su dirección quedará definida por el ángulo que forma con la horizontal:

$$\alpha = arctg\left(\frac{R_{y\_agua}}{R_{x\_agua}}\right) = arctg\left(\frac{1757.56}{5663.84}\right) = 17.24°$$

Problema 4.8.

Despreciando las pérdidas de carga, determinar las componentes de la fuerza necesaria (R_x y R_y) para mantener en equilibrio la siguiente bifurcación horizontal.

Figura 94: Esquema de la pieza en Y de Problema 4.8.

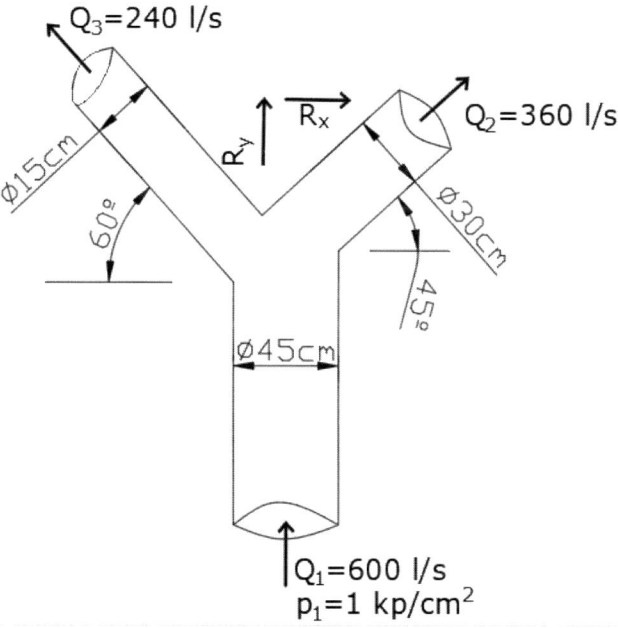

En primer lugar, será necesario determinar la presión en los puntos de salida 2 y 3. Para ello aplicaremos Bernoulli entre el punto de entrada del caudal 1 y los puntos de salida 2 y 3:

$$z_1 + \frac{P_1}{\gamma} + \frac{v_1^2}{2g} = z_2 + \frac{P_2}{\gamma} + \frac{v_2^2}{2g} + \Delta h_1^2$$

$$z_1 + \frac{P_1}{\gamma} + \frac{v_1^2}{2g} = z_3 + \frac{P_3}{\gamma} + \frac{v_3^2}{2g} + \Delta h_1^3$$

Si la pieza es horizontal, entonces $z_1 = z_2 = z_3$. Además, las pérdidas de carga (Δh_1^2 y Δh_1^3) son despreciables, por lo que no se tendrán tampoco en cuenta. Se procede, a continuación, a calcular las velocidades en cada punto para introducirlas después en la ecuación de Bernoulli:

$$v_1 = \frac{Q_1}{A_1} = \frac{0.60}{\frac{\pi \cdot 0.45^2}{4}} = 3.77 \frac{m}{s}$$

$$v_2 = \frac{Q_2}{A_2} = \frac{0.36}{\frac{\pi \cdot 0.30^2}{4}} = 5.10 \frac{m}{s}$$

$$v_3 = \frac{Q_1}{A_1} = \frac{0.24}{\frac{\pi \cdot 0.15^2}{4}} = 13.58 \frac{m}{s}$$

Igualmente, habrá que pasar la presión en kp/cm² a Pascales:

$$p_1 = 1 \frac{kp}{cm^2} \cdot \frac{10^4 cm^2}{1m^2} \cdot \frac{9.81N}{1kp} = 9.81 \cdot 10^4 Pa$$

Realizando, por tanto, Bernoulli entre los puntos 1 y 2:

$$\frac{P_1}{\gamma} + \frac{v_1^2}{2g} = \frac{P_2}{\gamma} + \frac{v_2^2}{2g}$$

$$\frac{9.81 \cdot 10^4}{9810} + \frac{3.77^2}{2 \cdot 9.81} = \frac{P_2}{9810} + \frac{5.10^2}{2 \cdot 9.81} \quad \rightarrow \quad P_2 = 92201.45 \, Pa$$

De igual forma, entre 1 y 3:

$$\frac{P_1}{\gamma} + \frac{v_1^2}{2g} = \frac{P_3}{\gamma} + \frac{v_3^2}{2g}$$

$$\frac{9.81 \cdot 10^4}{9810} + \frac{3.77^2}{2 \cdot 9.81} = \frac{P_3}{9810} + \frac{13.58^2}{2 \cdot 9.81} \quad \rightarrow \quad P_2 = 12998.25 \, Pa$$

Una vez que se tienen las presiones y velocidades en cada uno de los puntos, se plantea el principio de conservación de la cantidad de movimiento sobre el volumen de control constituido por la pieza analizada, quedando el siguiente esquema:

Figura 95: Volumen de control sobre pieza en Y de Problema 4.8.

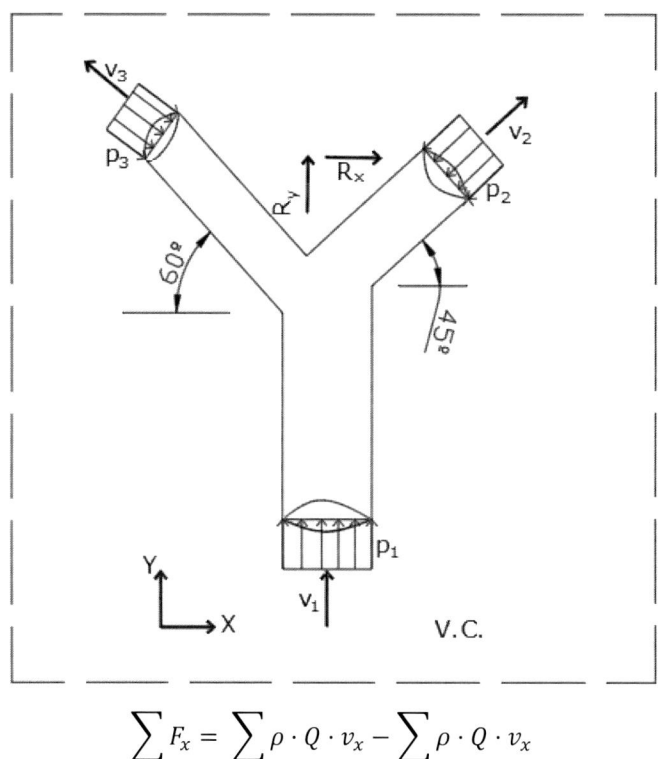

$$\sum F_x = \sum_{sal} \rho \cdot Q \cdot v_x - \sum_{ent} \rho \cdot Q \cdot v_x$$

$$R_x - p_2 \cdot A_2 \cdot cos45º + p_3 \cdot A_3 \cdot cos60º = \rho \cdot Q_2 \cdot v_2 \cdot cos45º - \rho \cdot Q_3 \cdot v_3 \cdot cos60º - 0$$

$$R_x = p_2 \cdot A_2 \cdot cos45º - p_3 \cdot A_3 \cdot cos60º + \rho \cdot Q_2 \cdot v_2 \cdot cos45º - \rho \cdot Q_3 \cdot v_3 \cdot cos60º$$

$$R_x = 92201.45 \cdot \frac{\pi \cdot 0.3^2}{4} \cdot cos45º - 12998.25 \cdot \frac{\pi \cdot 0.15^2}{4} \cdot cos60º + 1000 \cdot 0.36 \cdot 5.10 \cdot cos45º - 1000 \cdot 0.24 \cdot 13.58 \cdot cos60º = 4159.97\ N\ (\rightarrow)$$

$$\sum F_y = \sum_{sal} \rho \cdot Q \cdot v_y - \sum_{ent} \rho \cdot Q \cdot v_y$$

$$R_y + p_1 \cdot A_1 - p_2 \cdot A_2 \cdot sen45º - p_3 \cdot A_3 \cdot sen60º = \rho \cdot Q_2 \cdot v_2 \cdot sen45º + \rho \cdot Q_3 \cdot v_3 \cdot sen60º - \rho \cdot Q_1 \cdot v_1$$

$$R_y = -p_1 \cdot A_1 + p_2 \cdot A_2 \cdot sen45º + p_3 \cdot A_3 \cdot sen60º + \rho \cdot Q_2 \cdot v_2 \cdot sen45º + \rho \cdot Q_3$$
$$\cdot v_3 \cdot sen60º - \rho \cdot Q_1 \cdot v_1$$

$$R_y = -9.81 \cdot 10^4 \cdot \frac{\pi \cdot 0.45^2}{4} + 92201.45 \cdot \frac{\pi \cdot 0.3^2}{4} \cdot sen45º + 12998.25 \cdot \frac{\pi \cdot 0.15^2}{4}$$
$$\cdot sen60º + 1000 \cdot 0.36 \cdot 5.10 \cdot sen45º + 1000 \cdot 0.24 \cdot 13.58$$
$$\cdot sen60º - 1000 \cdot 0.6 \cdot 3.77 = -8930.48 \ N \ (\downarrow)$$

Una vez obtenidas las componentes de la fuerza para mantener en equilibrio la pieza anterior, se calcula, a continuación, el módulo y la dirección de la resultante:

$$\left|\vec{R}\right| = \sqrt{R_x{}^2 + R_y{}^2} = \sqrt{4159.97^2 + 8930.48^2} = 9851.84 \ N$$

Figura 96: Descomposición de fuerza del agua sobre pieza en Y de Problema 4.8.

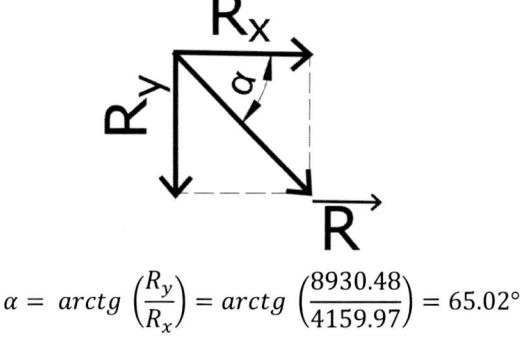

$$\alpha = \ arctg \left(\frac{R_y}{R_x}\right) = arctg \left(\frac{8930.48}{4159.97}\right) = 65.02°$$

Problema 4.9.

Una placa cuadrada de espesor uniforme y 40 cm de lado está suspendida verticalmente por medio de una bisagra en el extremo superior. Cuando un chorro horizontal incide en el centro de la placa ésta es desviada un ángulo de 35° con la vertical. El chorro tiene 25 mm de diámetro y su velocidad es de 6 m/s. Calcular la masa de la placa.

Figura 97: Esquema de la figura de Problema 4.9.

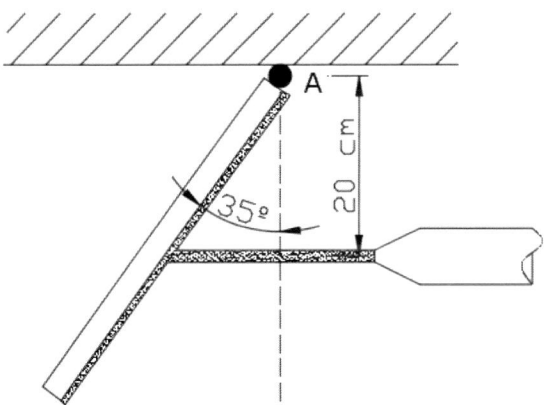

En primer lugar, seleccionamos la placa como volumen de control y analizamos todas las fuerzas y flujos que actúan sobre ella:

Figura 98: Volumen de control sobre placa de Problema 4.9.

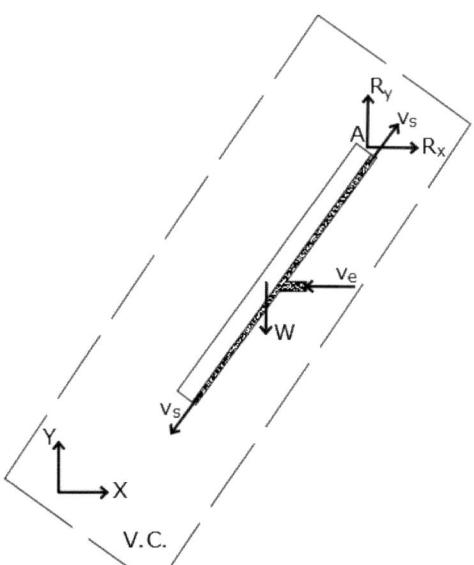

Por otro lado, determinaremos cuál es el caudal que está golpeando contra la placa:

$$Q = v \cdot A = 6 \cdot \frac{\pi \cdot 0.025^2}{4} = 0.0029 \frac{m^3}{s}$$

En la figura anterior, W es el peso de la placa, v_e y v_s son las velocidades de entrada y salida del flujo, respectivamente y R_x y R_y los esfuerzos en la rótula. Aplicamos el principio de conservación del momento cinético, tomando momentos con respecto al punto A:

$$\sum \vec{M_A} = \sum_{sal} \rho \cdot Q \cdot \vec{v} \; x \, \vec{r} - \sum_{ent} \rho \cdot Q \cdot \vec{v} \; x \, \vec{r}$$

$$W \cdot 0.20 \cdot tan35° = 0 - (-1000 \cdot 0.0029 \cdot 6 \; \cdot 0.20) \quad \rightarrow \quad W = 24.85 \; N$$

Luego la masa de la placa será:

$$W = m \cdot g \quad \rightarrow \quad m = \frac{W}{g} = \frac{24.85}{9.81} = 2.53 \; kg$$

Problema 5.1.

De un gran depósito con superficie libre a la cota 50, sale una conducción de 1 m de diámetro, que tras recorrer 12 km desemboca en el depósito regulador de abastecimiento a una ciudad, con una superficie libre a la cota 0. Calcular el caudal circulante aplicando la fórmula de Darcy-Weisbach con una rugosidad absoluta de $\varepsilon = 7 \cdot 10^{-4}$ m y viscosidad cinemática del agua $\upsilon = 10^{-6}$ m^2/s. Asimismo, dibuje las líneas de energía y presión del sistema.

Figura 99: Esquema del sistema de tuberías de Problema 5.1.

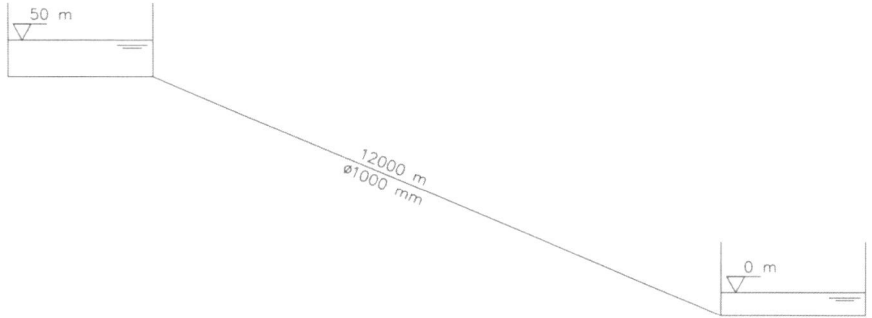

Para resolver este ejercicio, habrá que aplicar el teorema de Bernoulli entre los dos niveles de agua superiores de los dos depósitos del enunciado, a los cuales llamaremos punto A (a cota 50 m) y B (a cota 0 m).

$$H_A = H_B + \Delta H_A^B$$

Si desarrollamos el teorema de Bernoulli, obtenemos la siguiente expresión:

$$Z_A + \frac{P_A}{\gamma} + \frac{v_A{}^2}{2g} = Z_B + \frac{P_B}{\gamma} + \frac{v_B{}^2}{2g} + \Delta H_A^B$$

Sustituyendo los términos de la expresión por sus valores se obtiene la siguiente ecuación:

$$50 + \frac{0}{\gamma} + \frac{0^2}{2g} = 0 + \frac{0}{\gamma} + \frac{0^2}{2g} + \Delta H_A^B$$

$$50 = \Delta H_A^B$$

Como puede observarse la mayoría de los términos de la ecuación anterior tienen un valor de 0, ya que en la superficie del depósito suponemos que la presión es igual a la atmosférica y el nivel de agua se mantiene constante dentro del depósito. No obstante, la sección del depósito se supone mucho mayor que la tubería y podría considerarse despreciable.

A continuación, tal y como recoge el enunciado, aplicaremos la fórmula de Darcy-Weisbach para calcular las pérdidas de carga continuas en la tubería desde el punto A al B:

$$\Delta H_A^B = f \cdot \frac{L}{D} \cdot \frac{v^2}{2g}$$

$$50 = f \cdot \frac{12000}{1} \cdot \frac{v^2}{2g}$$

Para obtener el valor del coeficiente de fricción (f), usaremos la fórmula de Colebrook-White:

$$\frac{1}{\sqrt{f}} = -2log\left(\frac{\varepsilon}{3.7 \cdot D} + \frac{2.51}{Re \cdot \sqrt{f}}\right)$$

Como puede observarse, en la fórmula de Colebrook-White el coeficiente de fricción (f) aparece en ambos miembros de la misma, por lo que su resolución se debe realizar por iteraciones. Por tanto, inicialmente supondremos que en la tubería se produce un Régimen Turbulento Rugoso (RTR), con lo que el número de Reynolds sería tan grande que podríamos despreciar el segundo sumando del logaritmo, lo cual nos permite modificar la expresión anterior y aplicar la fórmula de Nikuradse. La fórmula de Nikuradse es una ecuación explícita y solo presenta el coeficiente de fricción en uno de sus miembros:

$$\frac{1}{\sqrt{f}} = -2log\left(\frac{\varepsilon}{3.7 \cdot D}\right)$$

Sustituyendo los términos de la expresión anterior, obtenemos un valor preliminar para el coeficiente de fricción (f'):

$$\frac{1}{\sqrt{f'}} = -2log\left(\frac{7 \cdot 10^{-4}}{3.7 \cdot 1}\right)$$

$$f' = 0.018$$

A continuación, sustituimos este coeficiente de fricción inicial (f') en la fórmula de Darcy-Weisbach inicial y calculamos la velocidad resultante de nuestra primera iteración:

$$50 = f' \cdot \frac{12000}{1} \cdot \frac{v^2}{2g}$$

$$50 = 0.018 \cdot \frac{12000}{1} \cdot \frac{v^2}{2g}$$

$$v' = 2.13 \, m/s$$

Con la velocidad obtenida, comprobamos si nuestra suposición inicial es correcta. Para ello calculamos el número de Reynolds (Re):

$$Re = \frac{v \cdot D}{\vartheta}$$

$$Re = \frac{2.13 \cdot 1}{10^{-6}} = 2.13 \cdot 10^6$$

A partir del número de Reynolds anterior, aplicamos la fórmula de Colebrook-White para comprobar si el factor de fricción inicial coincide con el correspondiente a la velocidad obtenida:

$$\frac{1}{\sqrt{f}} = -2log\left(\frac{\varepsilon}{3.7 \cdot D} + \frac{2.51}{Re \cdot \sqrt{f}}\right)$$

$$\frac{1}{\sqrt{f}} = -2log\left(\frac{7 \cdot 10^{-4}}{3.7 \cdot 1} + \frac{2.51}{2.13 \cdot 10^6 \cdot \sqrt{f}}\right)$$

Y mediante un proceso iterativo obtenemos el resultado final del coeficiente de fricción (f):

$$f = 0.0182$$

Observamos que, efectivamente, nuestra suposición inicial era correcta, ya que el factor de fricción inicial (f') y el factor de fricción obtenido (f) son similares.

Por lo tanto, conocida la sección de la tubería y la velocidad podemos obtener el caudal circulante:

$$Q = v \cdot S = 2.12 \cdot \frac{\pi \cdot 1^2}{4} = 1.665 \ m^3/s$$

Finalmente, dibujaremos la línea de carga dinámica (LCD) y línea piezométrica (LP) en la instalación funcionando en régimen permanente. Para dibujar la LCD bastará con unir las energías que tenemos en ambos extremos (niveles de agua en ambos depósitos), ya que son las condiciones de contorno del problema y la tubería no se modifica en ninguna parte del recorrido, por lo que la pendiente de dicha línea no variará. Para determinar la LP bastará con detraer a la LCD el valor de la componente cinética v²/2g del trinomio de Bernoulli, que al ser constante a lo largo de nuestro tramo será una paralela a la LCD a una distancia fija. El valor de esta componente cinética da un valor de:

$$\frac{v^2}{2g} = \frac{2.13^2}{2g} = 0.23 \ m$$

Figura 100: Esquema de líneas de carga dinámica (LCD) y piezométrica (LP) del sistema de tuberías de Problema 5.1.

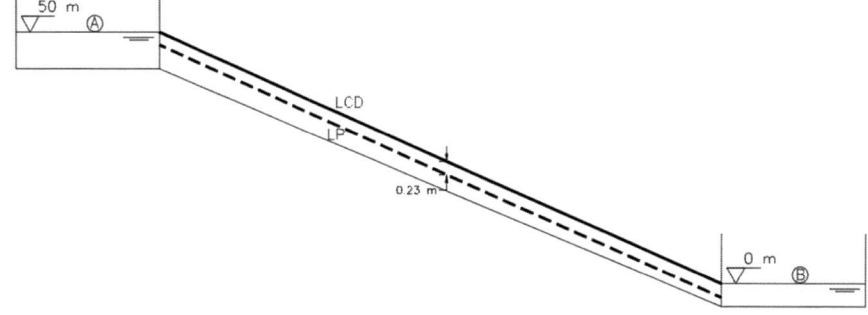

Problema 5.2.

Considerando un sistema compuesto por tuberías y depósitos, tal como se muestra en la figura, donde las alturas de las láminas de agua en los depósitos A y B permanecen constantes, el caudal total que sale del depósito A alcanza los 380 l/s y el que llega al depósito B es de 295 l/s. La descarga en el punto D es libre (presión atmosférica), encontrándose a una cota de 7 m. La rugosidad absoluta (ε) de las tuberías es de 0.1 mm y la viscosidad cinemática (ϑ) del agua es de 10^{-6} m²/s. Despreciando las pérdidas de carga localizadas, determinar:

a) La altura de la lámina de agua del depósito B.
b) La longitud de la tubería L_1.

Figura 101: Esquema del sistema de tuberías de Problema 5.2.

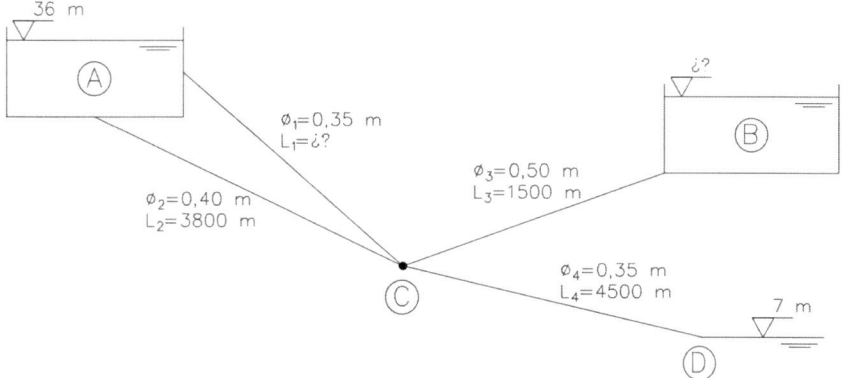

En primer lugar, pasaremos al sistema internacional todas las unidades de los datos del problema:

$$\varepsilon = 0.1\ mm = 10^{-4}\ m$$

$$\vartheta = 10^{-6}\ m^2/s$$

$$Q_{AC} = 380\ l/s = 0.38\ m^3/s$$

$$Q_{CB} = 295\ l/s = 0.295\ m^3/s$$

$$Q_{CD} = Q_{AC} - Q_{CB} = 0.085\ m^3/s$$

Si conocemos el caudal y la sección de la tubería podemos obtener la velocidad del agua en ella. Este sería el caso de las tuberías CB y CD, no así de la tubería AC ya que a priori no sabemos cómo se reparte el agua entre sus dos ramas.

$$Q = v \cdot S$$

$$v = \frac{Q}{S} = \frac{Q}{\pi \cdot \dfrac{D^2}{4}}$$

$$v_{CB} = \frac{0.295}{\pi \cdot \dfrac{0.5^2}{4}} = 1.50 \, m/s$$

$$v_{CD} = \frac{0.085}{\pi \cdot \dfrac{0.35^2}{4}} = 0.88 \, m/s$$

a) Altura lámina depósito B.

Para poder obtener la elevación de la lámina de agua del depósito B, es necesario conocer primero la energía (H) en el punto C, por lo que vamos a aplicar el teorema de Bernoulli entre el punto C y el punto D.

$$H_C = H_D + \Delta H_C^D$$

Se ha seleccionado el punto D ya que es el único punto del sistema en el que conocemos todas las componentes del trinomio de Bernoulli. Si desarrollamos el teorema de Bernoulli anterior obtenemos la siguiente expresión:

$$H_C = Z_D + \frac{P_D}{\gamma} + \frac{v_D^2}{2g} + \Delta H_C^D$$

Para el cálculo de las pérdidas de carga continuas desde el punto C al D utilizaremos la fórmula de Darcy-Weisbach.

$$\Delta H_C^D = f \cdot \frac{L_{CD}}{D_{CD}} \cdot \frac{v_{CD}^2}{2g}$$

A continuación, para obtener el valor del coeficiente de fricción (f) aplicaremos la fórmula de Colebrook-White.

$$\frac{1}{\sqrt{f}} = -2log\left(\frac{\varepsilon}{3.7 \cdot D_{CD}} + \frac{2.51}{Re_{CD} \cdot \sqrt{f}}\right)$$

En la ecuación anterior, al no ser una ecuación explícita, para poder obtener el valor de f se debe realizar un proceso iterativo. No obstante, antes es necesario calcular el valor del número de Reynolds (Re) en la tubería estudiada (CD).

$$Re = \frac{v_{CD} \cdot D_{CD}}{\vartheta}$$

$$Re = \frac{0.88 \cdot 0.35}{10^{-6}} = 308000$$

Conocidos los valores de los parámetros de la fórmula de Colebrook-White, ya podemos sustituir e iterar el valor de f.

$$\frac{1}{\sqrt{f}} = -2log\left(\frac{\varepsilon}{3.7 \cdot D_{CD}} + \frac{2.51}{Re_{CD} \cdot \sqrt{f}}\right)$$

$$\frac{1}{\sqrt{f}} = -2log\left(\frac{10^{-4}}{3.7 \cdot 0.35} + \frac{2.51}{308000 \cdot \sqrt{f}}\right)$$

$$f_{CD} = 0.0168$$

Volviendo a la fórmula de Darcy-Weisbach, obtenemos las pérdidas de carga distribuidas en el tramo CD.

$$\Delta H_C^D = f \cdot \frac{L_{CD}}{D_{CD}} \cdot \frac{v_{CD}^2}{2g}$$

$$\Delta H_C^D = 0.0168 \cdot \frac{4,500}{0.35} \cdot \frac{0.88^2}{2g} = 8.52 \, m.c.a.$$

Y, por último, calculamos la energía en el punto C sustituyendo todos los valores obtenidos anteriormente. Debido al principio de continuidad, y al no cambiar la sección de la tubería CD en todo su tramo, el valor de la velocidad en D es igual a v_{CD}. También hay que tener en cuenta que la salida de agua por el punto D es libre, por tanto, la presión en ese punto es igual a la atmosférica.

$$H_C = Z_D + \frac{P_D}{\gamma} + \frac{v_D^2}{2g} + \Delta H_D^C$$

$$H_C = 7 + \frac{0}{\gamma} + \frac{0.88^2}{2g} + 8.52 = 15.56 \, m.c.a.$$

Una vez conocido el valor de la energía en el punto C, aplicamos el teorema de Bernoulli entre el punto C y el depósito B para conocer la elevación de la lámina de agua del depósito B.

$$H_C = H_B + \Delta H_C^B$$

$$H_C = Z_B + \frac{P_B}{\gamma} + \frac{v_B^2}{2g} + \Delta H_C^B$$

Es necesario calcular las pérdidas de carga distribuidas entre el punto C y el depósito B. Para ello volvemos a aplicar la fórmula de Darcy-Weisbach junto con la de Colebrook-White.

$$Re_{CB} = \frac{v_{CB} \cdot D_{CB}}{\vartheta}$$

$$Re_{CB} = \frac{1.5 \cdot 0.5}{10^{-6}} = 750{,}000$$

$$\frac{1}{\sqrt{f}} = -2log\left(\frac{\varepsilon}{3.7 \cdot D_{CB}} + \frac{2.51}{Re_{CB} \cdot \sqrt{f}}\right)$$

$$\frac{1}{\sqrt{f}} = -2log\left(\frac{10^{-4}}{3.7 \cdot 0.5} + \frac{2.51}{750000 \cdot \sqrt{f}}\right)$$

$$f_{CB} = 0.015$$

$$\Delta H_C^B = f \cdot \frac{L_{CB}}{D_{CB}} \cdot \frac{v_{CB}^2}{2g}$$

$$\Delta H_C^B = 0.015 \cdot \frac{1{,}500}{0.5} \cdot \frac{1.5^2}{2g} = 5.16\ m.c.a.$$

Obtenidas las pérdidas de carga distribuidas entre el punto C y el depósito B, sustituimos los componentes del trinomio de Bernoulli por sus valores y obtenemos la elevación de la lámina de agua del depósito B. Dentro del depósito B se considera que la lámina de agua es constante y su velocidad nula y la presión es igual a la atmosférica.

$$H_C = Z_B + \frac{P_B}{\gamma} + \frac{v_B^2}{2g} + \Delta H_B^C$$

$$15.56 = Z_B + \frac{0}{\gamma} + \frac{0^2}{2g} + 5.16$$

$$Z_B = 10.4 \ m$$

b) Longitud L_1

Ahora se pide estimar la longitud de la tubería AC por una de sus ramas (L_1). Para poder calcular esta longitud, en primer lugar, debemos conocer el caudal circulante por dicha tubería. Para determinar este flujo, hay que obtener primero el caudal en el tramo 2, ya que conocemos todos los datos necesarios para ello, y a posteriori aplicar el principio de continuidad para calcular el caudal circulante por el tramo 1.

$$Q_{AC} = Q_{AC} \ (1) + Q_{AC} \ (2)$$

Para conocer el caudal circulante por el ramal 2 de la tubería AC, aplicamos el teorema de Bernoulli entre el depósito A y el punto C.

$$H_A = H_C + \Delta H_A^C \ (Ramal \ 2)$$

$$Z_A + \frac{P_A}{\gamma} + \frac{v_A^2}{2g} = H_C + \Delta H_A^C \ (Ramal \ 2)$$

$$36 + \frac{0}{\gamma} + \frac{0^2}{2g} = 15.56 + \Delta H_A^C$$

Para obtener las pérdidas de carga continuas entre A y C por el ramal 2, aplicamos la fórmula de Darcy-Weisbach junto con la de Colebrook-White.

$$\Delta H_A^C = f \cdot \frac{L_{AC}}{D_{AC}} \cdot \frac{v_{AC}^2}{2g} \ (Ramal \ 2)$$

$$\Delta H_A^C = f \cdot \frac{3800}{0.4} \cdot \frac{v_{AC}^2}{2g}$$

$$\frac{1}{\sqrt{f}} = -2log \left(\frac{\varepsilon}{3.7 \cdot D_{AC}} + \frac{2.51}{Re_{AC} \cdot \sqrt{f}} \right) \ (Tramo \ 2)$$

Al no conocer el caudal circulante por este tramo, y por tanto no conocer la velocidad, supondremos que en la tubería se produce un Régimen Turbulento Rugoso (RTR) para poder simplificar la expresión anterior.

$$\frac{1}{\sqrt{f}} = -2log\left(\frac{\varepsilon}{3.7 \cdot D_{AC}}\right) \ (Ramal \ 2)$$

$$\frac{1}{\sqrt{f'}} = -2log\left(\frac{10^{-4}}{3.7 \cdot 0.4}\right)$$

$$f' = 0.0144$$

A continuación, sustituimos f' en la fórmula de Darcy-Weisbach inicial y calculamos la velocidad:

$$Z_A + \frac{P_A}{\gamma} + \frac{v_A^2}{2g} = H_C + f' \cdot \frac{L_{AC}}{D_{AC}} \cdot \frac{v'_{AC}^2}{2g} \ (Tramo \ 2)$$

$$36 = 15.56 + 0.0144 \cdot \frac{3800}{0.4} \cdot \frac{v'_{AC}^2}{2g}$$

$$v'_{AC} = 1.71 \ m/s$$

Con la velocidad obtenida, calculamos el número de Reynolds (Re) y aplicamos la fórmula completa de Colebrook-White.

$$Re = \frac{v'_{AC} \cdot D_{AC}}{\vartheta}$$

$$Re = \frac{1.71 \cdot 0.4}{10^{-6}} = 684000$$

$$\frac{1}{\sqrt{f}} = -2log\left(\frac{\varepsilon}{3.7 \cdot D_{AC}} + \frac{2.51}{Re_{AC} \cdot \sqrt{f}}\right) \ (Ramal \ 2)$$

$$\frac{1}{\sqrt{f}} = -2log\left(\frac{10^{-4}}{3.7 \cdot 0.4} + \frac{2.51}{684,000 \cdot \sqrt{f}}\right)$$

$$f_{AC}(2) = 0.0155$$

Conocido el coeficiente de fricción (f), aplicamos de nuevo la fórmula de Darcy-Weisbach en el tramo 2 y obteniendo la velocidad en el tramo.

$$Z_A + \frac{P_A}{\gamma} + \frac{v_A^2}{2g} = H_C + f \cdot \frac{L_{AC}}{D_{AC}} \cdot \frac{v_{AC}^2}{2g} \ (Tramo \ 2)$$

$$36 = 15.56 + 0.0155 \cdot \frac{3800}{0.4} \cdot \frac{v_{AC}^2}{2g}$$

$$v_{AC}(2) = 1.65 \, m/s$$

Con esta velocidad comprobaremos la validez del factor de fricción obtenido en esta última iteración:

$$Re = \frac{v'_{AC} \cdot D_{AC}}{\vartheta}$$

$$Re = \frac{1.65 \cdot 0.4}{10^{-6}} = 660000$$

$$\frac{1}{\sqrt{f}} = -2log\left(\frac{10^{-4}}{3.7 \cdot 0.4} + \frac{1.65}{660000 \cdot \sqrt{f}}\right)$$

$$f_{AC}(2) = 0.0155$$

Como en este caso coincide el factor de fricción con el de la anterior iteración, damos por bueno este valor y calculamos el caudal circulante por el ramal 2 de la tubería AC.

$$Q_{AC} \,(2) = v_{AC}(2) \cdot S_{AC}(2)$$

$$Q_{AC} \,(2) = 1.65 \cdot \pi \cdot \frac{0.4^2}{4} = 0.207 \, m^3/s$$

Una vez obtenido el caudal del tramo 2, aplicando el principio de continuidad, podemos calcular el caudal que circula por el ramal 1 y su velocidad.

$$Q_{AC} \, = Q_{AC} \,(1) + Q_{AC} \,(2)$$

$$Q_{AC} \,(1) \, = Q_{AC} \, - Q_{AC} \,(2)$$

$$Q_{AC} \,(1) \, = 0.38 \, - 0.207 = 0.173 \, m^3/s$$

$$v_{AC}(1) = \frac{Q_{AC} \,(1)}{S_{AC}(1)}$$

$$v_{AC}(1) = \frac{0.173}{\pi \cdot \dfrac{0.35^2}{4}} = 1.80 \, m/s$$

A continuación, para poder estimar la longitud de la tubería AC por su primer ramal (L$_1$), aplicamos otra vez el teorema de Bernoulli entre el depósito A y el punto C, pero esta vez por su ramal 1.

$$H_A = H_C + \Delta H_A^C \ (Ramal \ 1)$$

$$Z_A + \frac{P_A}{\gamma} + \frac{v_A{}^2}{2g} = H_C + f \cdot \frac{L_{AC}}{D_{AC}} \cdot \frac{v_{AC}{}^2}{2g} \ (Ramal \ 1)$$

Para obtener el valor de f en este tramo aplicamos la fórmula de Colebrook-White, calculado en primer lugar el número de Reynolds.

$$Re_{AC} = \frac{v_{AC} \cdot D_{AC}}{\vartheta} \ (Tramo \ 1)$$

$$Re_{AC} = \frac{1.80 \cdot 0.35}{10^{-6}} = 630000$$

$$\frac{1}{\sqrt{f}} = -2log\left(\frac{\varepsilon}{3.7 \cdot D_{AC}} + \frac{2.51}{Re_{AC} \cdot \sqrt{f}}\right) \ (Tramo \ 1)$$

$$\frac{1}{\sqrt{f}} = -2log\left(\frac{10^{-4}}{3.7 \cdot 0.35} + \frac{2.51}{630000 \cdot \sqrt{f}}\right)$$

$$f_{AC}(1) = 0.0159$$

Obtenido el coeficiente de fricción, ya podemos sustituir los valores del trinomio de Bernoulli y calcular L_1.

$$Z_A + \frac{P_A}{\gamma} + \frac{v_A{}^2}{2g} = H_C + f \cdot \frac{L_{AC}}{D_{AC}} \cdot \frac{v_{AC}{}^2}{2g} \ (Tramo \ 1)$$

$$36 + \frac{0}{\gamma} + \frac{0^2}{2g} = 15.565 + 0.0159 \cdot \frac{L_{AC}(1)}{0.35} \cdot \frac{1.80^2}{2g}$$

$$L_{AC}(1) = 2724 \ m$$

Problema 5.3.

En el esquema proporcionado, donde se representa el suministro de agua a una población y una industria desde un único depósito, el nivel de agua del depósito se mantiene constante a una altura H. Se ha determinado que el consumo de agua de la industria es cuatro veces mayor que el de la población. Además, es requisito que la presión del agua al ingresar a la zona residencial sea de, al menos, 15 metros de columna de agua (m.c.a.), mientras que el suministro en la zona industrial se efectúa a presión atmosférica. Se pide calcular los caudales de suministro a la población (Q₁) y a la industria (Q₂), junto con la altura H del depósito regulador. Dibuje, asimismo, las líneas de energía y presión del sistema.

Figura 102: Esquema del sistema de tuberías de Problema 5.3.

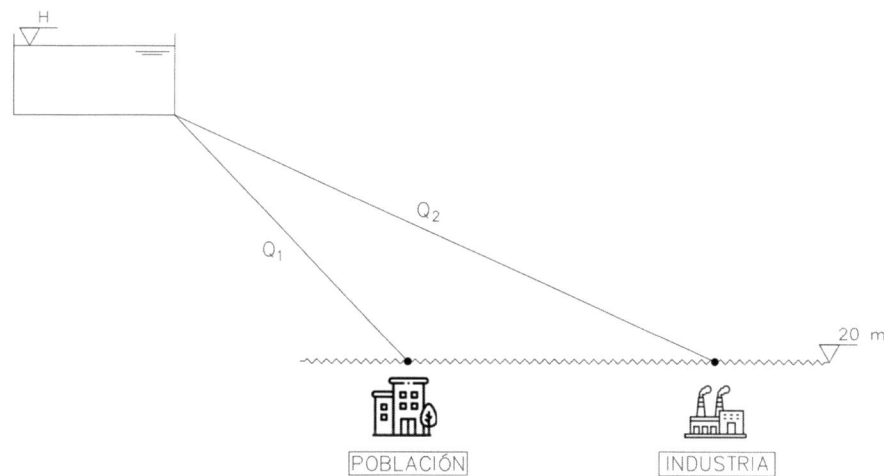

Datos:

Tuberías de Fibrocemento: $n = 0.011 \text{ m}^{-1/3}\cdot\text{s}$

L_1: 2000 m D_1: 300 mm L_2: 3.000 m D_2: 500 mm

Despréciense las pérdidas locales.

Para calcular los caudales de abastecimiento y suministro de la población (P) y de la industria (I), a la vez que la altura H del depósito regulador, debemos aplicar el teorema de Bernoulli entre el depósito (D) y ambas localizaciones.

$$H_D = H_P + \Delta H_D^P$$

$$H_D = H_I + \Delta H_D^I$$

Si desarrollamos ambas expresiones y sustituimos sus valores obtenemos las siguientes ecuaciones:

$$Z_D + \frac{P_D}{\gamma} + \frac{v_D{}^2}{2g} = Z_P + \frac{P_P}{\gamma} + \frac{v_P{}^2}{2g} + \Delta H_D^P$$

$$Z_D + \frac{P_D}{\gamma} + \frac{v_D{}^2}{2g} = Z_I + \frac{P_I}{\gamma} + \frac{v_I{}^2}{2g} + \Delta H_D^I$$

$$H + \frac{0}{\gamma} + \frac{0^2}{2g} = 20 + 15 + \frac{v_P{}^2}{2g} + \Delta H_D^P$$

$$H + \frac{0}{\gamma} + \frac{0^2}{2g} = 20 + \frac{0}{\gamma} + \frac{v_I{}^2}{2g} + \Delta H_D^I$$

Como dato, el enunciado nos proporciona el valor del número de Manning (n) para tuberías de fibrocemento. Por lo tanto, utilizaremos la fórmula de Manning para calcular las pérdidas de carga continuas.

$$\Delta H = \frac{n^2 \cdot v^2}{R_H{}^{\frac{4}{3}}} \cdot L$$

Sabiendo que el radio hidráulico de una tubería circular es igual a su diámetro entre 4, podemos sustituir la fórmula de Manning en las ecuaciones de conservación de energía anteriores.

$$R_H = \frac{D}{4}$$

$$R_H(P) = \frac{0.3}{4} = 0.075 \ m$$

$$R_H(I) = \frac{0.5}{4} = 0.125 \ m$$

$$H = 35 + \frac{v_P{}^2}{2g} + \frac{0.011^2 \cdot v_{DP}{}^2}{0.075^{\frac{4}{3}}} \cdot 2000$$

$$H = 20 + \frac{v_I{}^2}{2g} + \frac{0.011^2 \cdot v_{DI}{}^2}{0.125^{\frac{4}{3}}} \cdot 3000$$

Como puede observarse, tenemos dos ecuaciones y tres incógnitas. Por lo que necesitaremos una tercera ecuación para poder resolver el sistema anterior.

En el enunciado del problema se indica que la industria consume el cuádruple de agua que la población, por tanto, $Q_2 = 4 \cdot Q_1$. Si despejamos la velocidad en función del caudal podemos reducir a dos el número de incógnitas del sistema de ecuaciones anterior.

$$v_{DP} = \frac{Q_1}{\pi \cdot \dfrac{0.3^2}{4}} = 14.15 \cdot Q_1$$

$$v_{DI} = \frac{Q_2}{\pi \cdot \dfrac{0.5^2}{4}} = 5.09 \cdot Q_2$$

Aplicando la ecuación $Q_2 = 4 \cdot Q_1$, tendríamos la siguiente expresión de v_I.

$$v_{DI} = 5.09 \cdot 4 \cdot Q_1 = 20.36 \cdot Q_1$$

Sustituyendo las velocidades en el sistema de ecuaciones, tendríamos un sistema de ecuaciones con dos incógnitas.

$$H = 35 + \frac{(14.15 \cdot Q_1)^2}{2g} + \frac{0.011^2 \cdot (14.15 \cdot Q_1)^2}{0.075^{\frac{4}{3}}} \cdot 2000$$

$$H = 20 + \frac{(20.36 \cdot Q_1)^2}{2g} + \frac{0.011^2 \cdot (20.36 \cdot Q_1)^2}{0.125^{\frac{4}{3}}} \cdot 3000$$

Si simplificamos las expresiones anteriores, el sistema de ecuaciones quedaría de la siguiente forma:

$$H = 35 + 1542.16 \cdot Q_1{}^2$$

$$H = 20 + 2428.72 \cdot Q_1{}^2$$

Con lo que, resolviendo este sistema, obtenemos los siguientes resultados:

$$H = 61.09 \, m$$

$$Q_1{}^2 = 0.0169$$

$$Q_1 = 0.13 \, m^3/s$$

$$Q_2 = 4 \cdot Q_1 = 0.52 \, m^3/s$$

Si queremos dibujar las líneas de carga dinámica (LCD) y líneas piezométricas (LP) en ambas tuberías tendremos que determinar las componentes cinéticas en ambos casos:

$$v_{DP} = \frac{Q_1}{A_1} = \frac{0.13}{\pi \cdot \frac{0.3^2}{4}} = 1.84\frac{m}{s} \rightarrow \frac{v_{DP}^2}{2g} = \frac{1.84^2}{2g} = 0.17\ m$$

$$v_{DI} = \frac{Q_2}{A_2} = \frac{0.52}{\pi \cdot \frac{0.5^2}{4}} = 2.65\frac{m}{s} \rightarrow \frac{v_{DP}^2}{2g} = \frac{2.65^2}{2g} = 0.36\ m$$

Ya que en ambos ramales no hay ningún cambio en las características de la tubería, las pendientes de la LCD no sufrirán alteración. Además, ambas partirán del nivel de agua del depósito y terminarán en las energía de la Población e Industria, que corresponden al valor del término cinético y presión sobre la cota de la tubería que son 15.17 m y 0.36 m, respectivamente. Para hacer las LP bastará con hacer paralelas a la anteriores descontando el término cinético anteriormente calculado.

Figura 103: Esquema de líneas de carga dinámica (LCD) y piezométrica (LP) del sistema de tuberías de Problema 5.3.

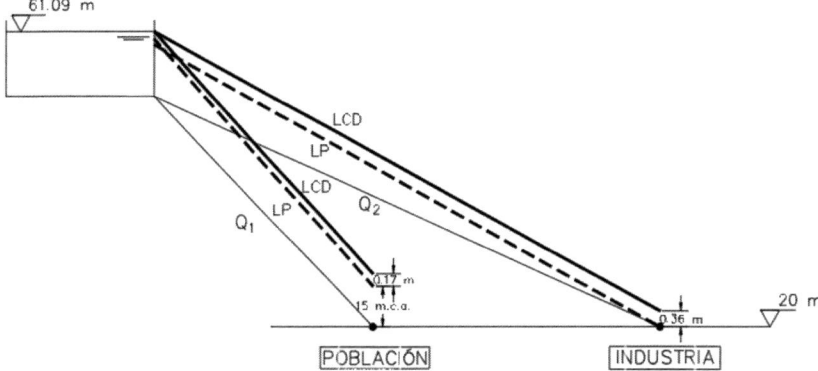

Problema 5.4.

La instalación hidráulica de la figura está compuesta por dos depósitos conectados mediante una tubería de PVC (n= 0.008 $m^{-1/3}\cdot s$) de 235 mm de diámetro interior. La altura de la lámina libre respecto a la solera (H) en ambos depósitos es de 5 m. Las pérdidas de carga localizadas se suponen un 10% de las continuas. Determinar:

a) El caudal que circula entre ambos depósitos.
b) Proponer una solución y cuantificarla para que la presión en toda la tubería sea positiva.

Figura 104: Esquema del sistema de tuberías de Problema 5.4.

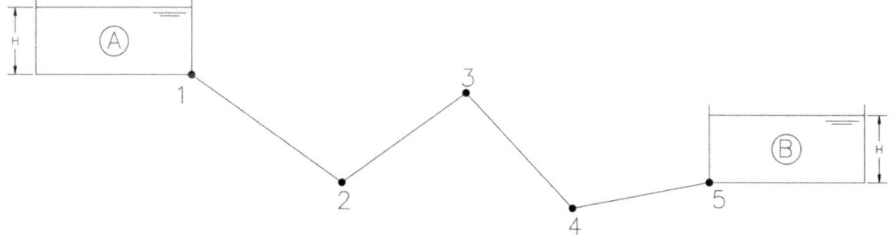

Tabla 1: Características de la instalación de Problema 5.4.

Punto	Cota (m)	Tramo	Longitud (m)
1	200	1-2	200
2	190	2-3	400
3	198	3-4	200
4	180	4-5	100
5	185	1-5	900

a) **Caudal circulante.**

Para determinar el caudal máximo que podría circular entre ambos depósitos, si no atendiéramos al perfil longitudinal de la tubería, aplicaremos el teorema de Bernoulli entre el depósito A y el depósito B.

$$H_A = H_B + \Delta H_A^B$$

$$Z_A + \frac{P_A}{\gamma} + \frac{v_A{}^2}{2g} = Z_B + \frac{P_B}{\gamma} + \frac{v_B{}^2}{2g} + \Delta H_A^B$$

En este ejercicio usaremos la fórmula de Manning, ya que el enunciado nos aporta el valor de rugosidad (n) de la tubería de PVC.

$$\Delta H_A^B = \frac{n^2 \cdot v^2}{R_H^{\frac{4}{3}}} \cdot L$$

Antes de sustituir los valores en la expresión anterior debemos calcular la longitud equivalente de la tubería para tener en cuenta todas las pérdidas de carga localizadas de la instalación hidráulica.

$$L_e = L + 10\% \cdot L$$

$$L_e = 1.1 \cdot L = 1.1 \cdot 900 = 990 \ m$$

Sustituyendo todos los valores:

$$205 + \frac{0}{\gamma} + \frac{0^2}{2g} = 190 + 0 + \frac{0^2}{2g} + \frac{0.008^2 \cdot v^2}{(\frac{0.235}{4})^{\frac{4}{3}}} \cdot 990$$

$$15 = 2.774 \cdot v^2$$

$$v = 2.32 \ m/s$$

Conocida la velocidad, podemos calcular el caudal circulante por la tubería.

$$Q = v \cdot S = 2.32 \cdot \pi \cdot \frac{0.235^2}{4} = 0.1 \ m^3/s$$

b) Solución para presión positiva.

Para que la presión en toda la tubería sea positiva debemos estudiar el punto más desfavorable con respecto a presiones, el cual será aquel cuya combinación en cota y distancia al depósito inicial sea mayor. En el caso de estudio, es el punto 3 se cumplan ambas condiciones simultáneamente y será el que procederemos a estudiar.

Bajo las condiciones del apartado a), podemos realizar una comprobación de cuál es la presión en el punto 3. Para ello aplicamos el teorema de Bernoulli entre el depósito A y el punto 3.

$$H_A = H_3 + \Delta H_A^3$$

$$Z_A + \frac{P_A}{\gamma} + \frac{v_A{}^2}{2g} = Z_3 + \frac{P_3}{\gamma} + \frac{v_3{}^2}{2g} + \Delta H_A^3$$

En este caso, tenemos que calcular las pérdidas de carga hasta el punto 3 aplicando, como se ha explicado anteriormente, la fórmula de Manning. Hay también que tener en cuenta que hay que usar la longitud equivalente hasta el punto 3.

$$L_e = 1.1 \cdot L_A^3 = 1.1 \cdot 600 = 660 \, m$$

$$\Delta H_A^3 = \frac{n^2 \cdot v^2}{R_H{}^{\frac{4}{3}}} \cdot L$$

$$\Delta H_A^3 = \frac{0.008^2 \cdot 2.32^2}{(\frac{0.235}{4})^{\frac{4}{3}}} \cdot 660 = 9.95 \, m.c.a.$$

Sustituyendo los valores en el teorema de Bernoulli entre A y 3:

$$205 + \frac{0}{\gamma} + \frac{0^2}{2g} = 198 + \frac{P_3}{\gamma} + \frac{2.32^2}{2g} + 9.95$$

$$\frac{P_3}{\gamma} = -3.22 \, m.c.a.$$

Como se observa, bajo las condiciones iniciales, la presión en el punto C seria negativa. Por tanto, vamos a modificar el diámetro de la tubería para mantener la presión positiva en la misma. Para ello volvemos a aplicar Bernouilli entre el depósito A y el punto 3, dejando como incógnita el diámetro de la tubería y considerando la presión en el punto 3 igual a 0.

$$H_A = H_3 + \Delta H_A^3$$

$$Z_A + \frac{P_A}{\gamma} + \frac{v_A{}^2}{2g} = Z_3 + \frac{P_3}{\gamma} + \frac{v_3{}^2}{2g} + \Delta H_A^3$$

$$205 + \frac{0}{\gamma} + \frac{0^2}{2g} = 198 + \frac{0}{\gamma} + \frac{v^2}{2g} + \frac{0.008^2 \cdot v^2}{(\frac{D}{4})^{\frac{4}{3}}} \cdot 660$$

Como el caudal se mantiene constante, podemos despejar la velocidad en función del diámetro de la tubería.

$$Q = v \cdot S$$

$$v = \frac{Q}{\pi \cdot \dfrac{D^2}{4}} = \frac{0.1}{\pi \cdot \dfrac{D^2}{4}} = 0.127/D^2$$

Sustituyendo la velocidad anterior en el teorema de Bernoulli entre A y 3:

$$205 = 198 + \frac{(0.127/D^2)^2}{2g} + \frac{0.008^2 \cdot (0.127/D^2)^2}{(\frac{D}{4})^{\frac{4}{3}}} \cdot 660$$

$$D = 0.251 \, m$$

La solución a proponer en el apartado b) seria cambiar el diámetro de la tubería por una mayor de 0.251 m.

Problema 5.5.

Se quiere trasvasar agua entre dos depósitos mediante un sifón tal y como se muestra en la figura adjunta. Si la tubería que une ambos depósitos tiene 300 mm de diámetro y su número de Manning es 0.008 $\quad$ m$^{-1/3}$·s, calcular la cota de la solera del segundo depósito y el caudal que circula para que la presión mínima en la tubería sea dos veces la presión de vapor (P_v/γ = 0,45 m.c.a. y P_{atm}/γ = 10,33 m.c.a). Considerar como coeficientes de pérdidas locales: $K_{embocadura}$ = 3, K_{codo} = 7 y $K_{desembocadura}$ = 4. Además, dibuje las líneas de presión y energía del sistema.

Figura 105: Esquema del sistema de tuberías de Problema 5.5.

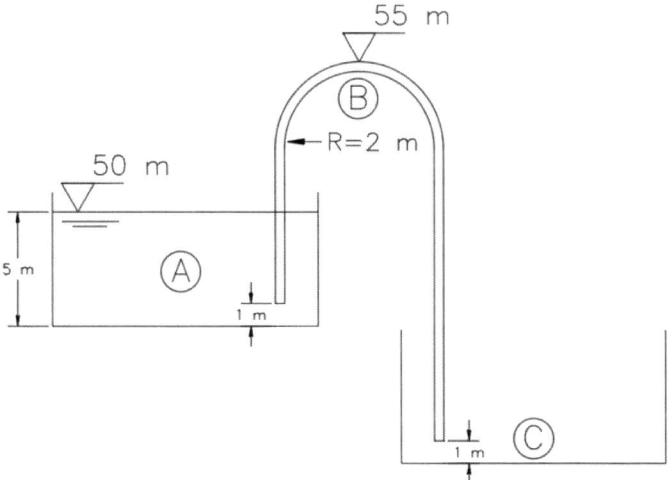

En primer lugar, determinaremos el caudal que circula entre ambos depósitos mediante la aplicación del teorema de Bernoulli entre el primer depósito (A) y el punto B, imponiendo la presión que nos indica el enunciado, ya que este punto es el de mayor cota del tramo de tubería y por tanto, donde es más probable encontrar presiones negativas.

$$H_A = H_B + \Delta H_A^B + \Delta H_{Locales}$$

$$Z_A + \frac{P_A}{\gamma} + \frac{v_A{}^2}{2g} = Z_B + \frac{P_B}{\gamma} + \frac{v_B{}^2}{2g} + \Delta H_A^B + \Delta H_{embocadura} + \Delta H_{codo}$$

Antes de sustituir por sus valores el teorema de Bernoulli anterior, debemos conocer la presión mínima que se debe producir en el punto B. Para ello, transformamos el doble de la presión de vapor absoluta a presión relativa.

$$\frac{Pv_{relativa}}{\gamma} = 2 \cdot \frac{Pv_{absoluta}}{\gamma} - \frac{Patm}{\gamma}$$

$$\frac{Pv_{relativa}}{\gamma} = 2 \cdot 0.45 - 10.33 = -9.43 \ m.c.a.$$

A continuación, procedemos a calcular las pérdidas de carga continuas, utilizando para ello la fórmula de Manning.

$$\Delta H_A^B = \frac{n^2 \cdot v^2}{R_H^{\frac{4}{3}}} \cdot L$$

$$R_H = \frac{Am}{Pm} = \frac{\pi \cdot R^2}{2 \cdot \pi \cdot R} = \frac{R}{2} = \frac{D}{4}$$

$$R_H = \frac{0.3}{4} = 0.075 \ m$$

La longitud de la tubería, desde la toma hasta el inicio del codo seria de 7 metros, a la que habría que sumarle un cuarto de la longitud de una circunferencia de radio igual a 2 metros.

$$L = 7 + \frac{2 \cdot \pi \cdot R}{4} = 10.14 \ m$$

Ya podríamos sustituir por sus valores en la ecuación de conservación de la energía anterior.

$$Z_A + \frac{P_A}{\gamma} + \frac{v_A^2}{2g} = Z_B + \frac{P_B}{\gamma} + \frac{v_B^2}{2g} + \Delta H_A^B + \Delta H_{embocadura} + \Delta H_{codo}$$

$$50 + \frac{0}{\gamma} + \frac{0^2}{2g} = 55 - 9.43 + \frac{v_B^2}{2g} + \frac{0.008^2 \cdot v^2}{(0.075)^{\frac{4}{3}}} \cdot 10.14 + 3 \cdot \frac{v^2}{2g} + 7 \cdot \frac{v^2}{2g}$$

Agrupamos los términos de la energía cinética:

$$50 - 55 + 9.43 = \frac{0.008^2 \cdot v^2}{(0.075)^{\frac{4}{3}}} \cdot 10.14 + 11 \cdot \frac{v^2}{2g}$$

$$4.43 = 0.581 \cdot v^2$$

$$v = 2.76 \ m/s$$

Conocida la velocidad, ya podemos calcular el caudal circulante:

$$Q = v \cdot S = v \cdot \pi \cdot \frac{D^2}{4}$$

$$Q = 2.76 \cdot \pi \cdot \frac{0.3^2}{4} = 0.195 \ m^3/s$$

Por último, conocido el caudal circulante, ya podremos calcular la cota del segundo depósito. Para ello aplicamos el teorema de Bernoulli entre el primer depósito (A) y el punto de desagüe de la tubería (C).

$$H_A = H_C + \Delta H_A^C + \Delta H_{Locales}$$

$$Z_A + \frac{P_A}{\gamma} + \frac{v_A{}^2}{2g} = Z_C + \frac{P_C}{\gamma} + \frac{v_C{}^2}{2g} + \Delta H_A^C + \Delta H_{embocadura} + \Delta H_{codo}$$
$$+ \Delta H_{desembocadura}$$

En este apartado, para calcular las pérdidas de cargas continuas, es necesario, evidentemente, conocer la longitud total de la tubería.

$$L = 7 + \frac{2 \cdot \pi \cdot R}{2} + (53 - Z_C) = 66.28 - Z_C \ m$$

$$\Delta H_A^C = \frac{n^2 \cdot v^2}{R_H{}^{\frac{4}{3}}} \cdot L = \frac{0.008^2 \cdot 2.76^2}{(0.075)^{\frac{4}{3}}} \cdot (66.28 - Z_C) = 0.0154 \cdot (66.28 - Z_C)$$

Sustituimos los valores del teorema de Bernoulli y despejamos la cota de la salida de la tubería:

$$50 + \frac{0}{\gamma} + \frac{0^2}{2g} = Z_C - \frac{0}{\gamma} + \frac{2.76^2}{2g} + 0.0154 \cdot (66.28 - Z_C) + 3 \cdot \frac{2.76^2}{2g} + 7 \cdot \frac{2.76^2}{2g} + 4$$
$$\cdot \frac{2.76^2}{2g}$$

$$Z_C = 43.83 \ m$$

Luego la cota de la solera del depósito será 43.83-1 = 42.83 m.
Para representar las líneas de energía (LCD) y piezométrica (LP), desarrollaremos la tubería en un plano horizontal debido a que las pendientes en gran parte del tramo son verticales y dificultarían la representación gráfica de las mismas.

En el comienzo de la tubería como hay una pérdida localizada, no se partiría del nivel de agua en el depósito A, sino que habría que detraer la pérdida en la embocadura que resulta de:

$$\Delta H_{embocadura} = K_{embocadura} \cdot \frac{v_{embocadura}^2}{2g} = 3 \cdot \frac{2.76^2}{2g} = 1.16\ m$$

Al final de la tubería la presión es la atmosférica, luego sólo tendremos componente cinética sobre la cota de la tubería.

Desde este punto iría perdiendo carga proporcionalmente a la longitud con una pendiente constante dada por la expresión de Manning:

$$I = \frac{n^2 \cdot v_{tubería}^2}{R_H^{\frac{4}{3}}} = \frac{0.008^2 \cdot 2.76^2}{(0.075)^{\frac{4}{3}}} = 0.0154\ m/m$$

Por otro lado, habrá que considerar un salto en las LCD y LP cada vez que haya una pérdida localizada, que se produce en el propio codo y en la desembocadura y tendrán un valor de:

$$\Delta H_{codo} = K_{codo} \cdot \frac{v_{codo}^2}{2g} = 7 \cdot \frac{2.76^2}{2g} = 2.72\ m$$

$$\Delta H_{desembocadura} = K_{desembocadura} \cdot \frac{v_{desembocadura}^2}{2g} = 4 \cdot \frac{2.76^2}{2g} = 1.55\ m$$

La LP resultará de descontar el término cinético a la línea de energía:

$$\frac{v_{tubería}^2}{2g} = \frac{2.76^2}{2g} = 0.39\ m$$

Figura 106: Esquema de líneas de carga dinámica (LCD) y piezométrica (LP) del sistema de tuberías de Problema 5.5.

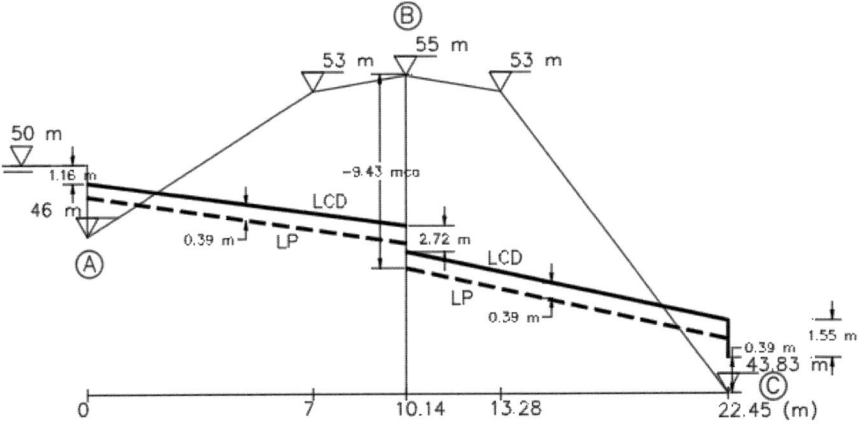

Problema 5.6.

La instalación mostrada en la figura está formada por un depósito de 5 m de altura cuya solera se encuentra a la cota 45 m. En una de las paredes del depósito se practica un taladro a mitad de altura, del que sale una tubería de 150 mm de diámetro y rugosidad absoluta de 0.01 mm. Esta tubería de 500 m de longitud total presenta en su punto medio una cota 55 m, descargando finalmente a una rambla que se encuentra a la cota 30 regulada por una válvula (V). El coeficiente de pérdidas en la embocadura del depósito es de 1 y las pérdidas localizadas en el codo son equivalentes a una longitud de 5 diámetros. Considerar la viscosidad cinemática del agua igual a 10^{-6} m²/s.

Se pide determinar el caudal máximo que podría desaguar la tubería sin que se produzca cavitación en ningúno de sus puntos (P_v/γ = 0.82 m.c.a. y P_{atm}/γ = 10.33 m.c.a.). Determinar, asimismo, el coeficiente de pérdidas en la válvula (V) para poder lograr la situacion anterior.

Figura 107: Esquema del sistema de tuberías de Problema 5.6.

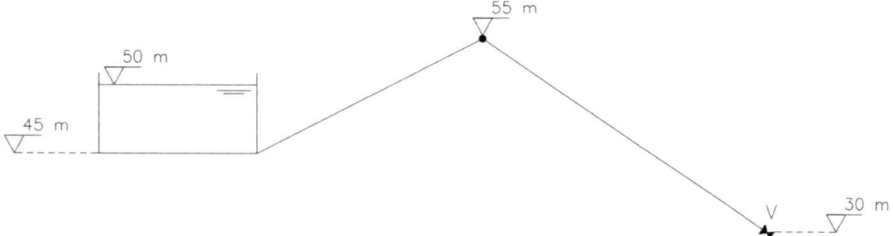

Empezaremos convirtiendo al Sistema Internacional las unidades de los datos del enunciado, así como determinando las pérdidas localizadas en la tubería:

$$D = 150 \; mm = 0.15 \; m$$

$$\varepsilon = 0.01 \; mm = 10^{-5} \; m$$

$$L_{AB} = L_{BC} = 250 \; m$$

$$\Delta H_{embocadura} = 1 \cdot \frac{v^2}{2g}$$

$$\Delta H_{codo} : \; Le_{codo} = 5 \cdot D = 5 \cdot 0.15 = 0.75 \; m$$

$$\vartheta = 10^{-6} \; m^2/s$$

$$\frac{Pv_{relativa}}{\gamma} = \frac{Pv_{absoluta}}{\gamma} - \frac{Patm}{\gamma} = 0.82 - 10.33 = -9.51 \; m.c.a.$$

Para obtener el caudal máximo circulante, evitando cavitación en la tubería, aplicaremos el teorema de Bernoulli entre el depósito A y el punto más desfavorable en cuanto a presiones negativas, que sería el de mayor cota (punto B).

$$H_A = H_B + \Delta H_A^B + \Delta H_{Locales}$$

$$Z_A + \frac{P_A}{\gamma} + \frac{v_A{}^2}{2g} = Z_B + \frac{P_B}{\gamma} + \frac{v_B{}^2}{2g} + \Delta H_A^B + \Delta H_{embocadura} + \Delta H_{codo}$$

Para calcular las pérdidas de carga distribuidas desde el depósito A y al punto B, aplicaremos la fórmula de Darcy-Weisbach.

$$\Delta H_A^B = f \cdot \frac{L}{D} \cdot \frac{v^2}{2g}$$

Para tener en cuenta las pérdidas de carga localizadas que produce el codo, debemos sustituir la longitud (L) por una longitud equivalente (Le).

$$Le = L + Le_{codo} = 250 + 0.75 = 250.75 \; m$$

Para poder sustituir los términos de la fórmula de Darcy-Weisbach por sus valores, es necesario obtener el coeficiente de fricción (f), para ello aplicaremos la fórmula de Colebrook-White:

$$\frac{1}{\sqrt{f}} = -2log\left(\frac{\varepsilon}{3.7 \cdot D} + \frac{2.51}{Re \cdot \sqrt{f}}\right)$$

$$\Delta H_A^B = f \cdot \frac{250.75}{0.15} \cdot \frac{v^2}{2g}$$

Sustituyendo los términos del teorema de Bernoulli por sus valores:

$$50 + \frac{0}{\gamma} + \frac{0^2}{2g} = 55 - 9.51 + \frac{v_B{}^2}{2g} + f \cdot \frac{250.75}{0.15} \cdot \frac{v^2}{2g} + 1 \cdot \frac{v^2}{2g}$$

$$4.51 = \frac{v_B{}^2}{2g} + f \cdot \frac{250.75}{0.15} \cdot \frac{v^2}{2g} + 1 \cdot \frac{v^2}{2g}$$

Para obtener el valor del coeficiente de fricción (f), aplicaremos la fórmula de Colebrook-White:

$$\frac{1}{\sqrt{f}} = -2log\left(\frac{\varepsilon}{3.7 \cdot D} + \frac{2.51}{Re \cdot \sqrt{f}}\right)$$

Como no conocemos el caudal, inicialmente, supondremos que en la tubería se produce un **Régimen Turbulento Rugoso (RTR),** lo cual nos permite simplificar la expresión anterior y aplicar la fórmula de Nikuradse.

$$\frac{1}{\sqrt{f}} = -2log\left(\frac{\varepsilon}{3.7 \cdot D}\right)$$

Sustituyendo los términos de la expresión anterior, obtenemos un valor preliminar para el coeficiente de fricción (f'):

$$\frac{1}{\sqrt{f'}} = -2log\left(\frac{10^{-5}}{3.7 \cdot 0.15}\right)$$

$$f' = 0.0111$$

A continuación, sustituimos este coeficiente de fricción preliminar (f') en la ecuación de conservación de energía anterior (Teorema de Bernoulli) y calculamos la velocidad preliminar:

$$4.51 = 0.0111 \cdot \frac{250.75}{0.15} \cdot \frac{v^2}{2g} + 2 \cdot \frac{v^2}{2g}$$

$$v' = 2.075 \, m/s$$

Con la velocidad preliminar, calculamos el número de Reynolds (Re):

$$Re = \frac{v \cdot D}{\vartheta}$$

$$Re = \frac{2.075 \cdot 0.15}{10^{-6}} = 311250$$

Conocido el número de Reynolds, podemos aplicar la fórmula de Colebrook-White:

$$\frac{1}{\sqrt{f}} = -2log\left(\frac{\varepsilon}{3.7 \cdot D} + \frac{2.51}{Re \cdot \sqrt{f}}\right)$$

$$\frac{1}{\sqrt{f}} = -2log\left(\frac{10^{-5}}{3.7 \cdot 0.15} + \frac{2.51}{311250 \cdot \sqrt{f}}\right)$$

Y mediante un proceso iterativo obtenemos el resultado final del coeficiente de fricción (f):

$$f = 0.015$$

Como este último valor de la fricción (0.015) no coincide con el anterior (0.0111), debemos seguir iterando. Calcularemos de nuevo la velocidad del agua por la tubería y por tanto conocer el caudal máximo circulante.

$$4.51 = f \cdot \frac{250.75}{0.15} \cdot \frac{v^2}{2g} + 2 \cdot \frac{v^2}{2g}$$

$$4.51 = 0.015 \cdot \frac{250.75}{0.15} \cdot \frac{v^2}{2g} + 2 \cdot \frac{v^2}{2g}$$

$$v = 1.808 \ m/s$$

$$Re = \frac{1.808 \cdot 0.15}{10^{-6}} = 271200$$

$$\frac{1}{\sqrt{f}} = -2log\left(\frac{10^{-5}}{3.7 \cdot 0.15} + \frac{2.51}{271200 \cdot \sqrt{f}}\right)$$

$$f = 0.0154$$

Damos por válido esta última iteración y calculamos el caudal resultante:

$$Q = v \cdot S = 1.808 \cdot \frac{\pi \cdot 0.15^2}{4} = 0.032 \ m^3/s$$

Por último, conocido el caudal máximo que debería circular para que no se produjera cavitación, debemos obtener el coeficiente de pérdidas necesario de la válvula (V) para reducir el caudal del sistema hasta el valor que se ha determinado. Para ello aplicamos el teorema de Bernoulli entre el depósito A y un punto C situado justo en la salida de la válvula.

$$H_A = H_C + \Delta H_A^C + \Delta H_{Locales}$$

$$Z_A + \frac{P_A}{\gamma} + \frac{v_A^2}{2g} = Z_C + \frac{P_C}{\gamma} + \frac{v_C^2}{2g} + \Delta H_A^C + \Delta H_{embocadura} + \Delta H_{codo} + \Delta H_{válvula}$$

Sustituyendo los términos en la expresión anterior, podemos calcular el valor del coeficiente de pérdidas de la válvula (K).

$$50 + \frac{0}{\gamma} + \frac{0^2}{2g} = 30 + 0 + \frac{1.808^2}{2g} + 0.015 \cdot \frac{500.75}{0.15} \cdot \frac{1.808^2}{2g} + 1 \cdot \frac{1.808^2}{2g} + K$$
$$\cdot \frac{1.808^2}{2g}$$

$$11.32 = K \cdot \frac{1.808^2}{2g}$$

$$K = 68$$

Si queremos dibujas las líneas piezométrica y de carga dinámica debemos calcular inicialmente los valores de pérdidas locales, así como el término cinético del flujo en la tubería:

$$\Delta H_{embocadura} = K_{embocadura} \cdot \frac{v^2}{2g} = 1 \cdot \frac{1.808^2}{2g} = 0.17 \, m$$

$$\Delta H_{codo} = f \cdot \frac{L_{equivalente}}{D} \cdot \frac{v^2}{2g} = 0.015 \cdot \frac{0.75}{0.15} \cdot \frac{1.808^2}{2g} = 0.012 \, m$$

$$\Delta H_{válvula} = K_{válvula} \cdot \frac{v^2}{2g} = 68 \cdot \frac{1.808^2}{2g} = 11.33 \, m$$

$$Término \ cinético: \frac{v^2}{2g} = \frac{1.808^2}{2g} = 0.17 \, m$$

Figura 108: Esquema de líneas de carga dinámica (LCD) y piezométrica (LP) del sistema de tuberías de Problema 5.6.

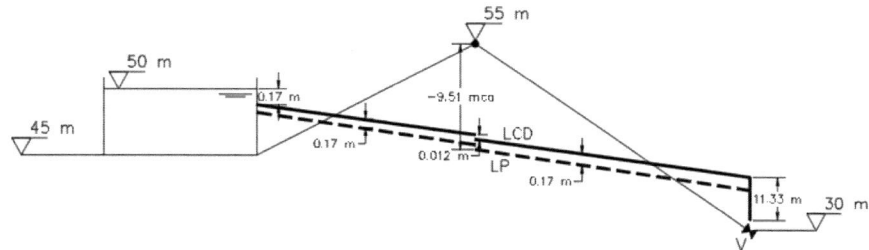

Problema 5.7.
Sea el siguiente esquema de trasvase de agua entre dos depósitos mediante una tubería de 200 mm de diámetro y rugosidad 0.025 mm, cuyos niveles máximo y mínimo quedan reflejados en la figura. Si el nivel de los depósitos puede variar entre los límites de la figura, determinar:
a) Caudales máximo y mínimo que circularán por la tubería.
b) Justificar si se puede producir cavitación si la presión de vapor es 0.5 m.c.a. y la presión atmosférica es 10.33 m.c.a.
c) Dibujar la línea de carga estática, línea de carga dinámica y línea piezométrica para la situación anterior.

Figura 109: Esquema del sistema de tuberías de Problema 5.7.

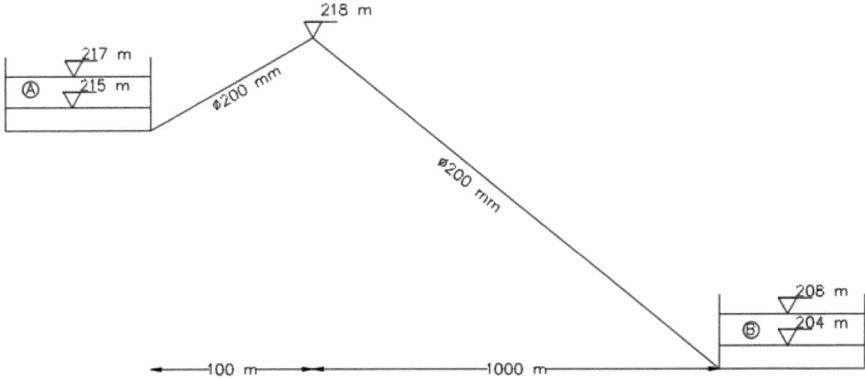

a) Caudales máximo y mínimo

Dado que los niveles de los depósitos pueden variar entre dos valores, para obtener el máximo y mínimo caudal habrá que determinar cuáles son el máximo y mínimo gradiente hidráulico, respectivamente, entre ambos depósitos.

Por tanto, el caudal máximo se producirá cuando el depósito superior tenga el nivel a 217 m y el inferior a 204 m. Aplicando en ese momento Bernoulli entre ambos depósitos quedaría la siguiente ecuación:

$$H_A = H_B + \Delta H_A^B$$

$$Z_A + \frac{P_A}{\gamma} + \frac{v_A^2}{2g} = Z_B + \frac{P_B}{\gamma} + \frac{v_B^2}{2g} + \Delta H_A^B$$

$$217 + \frac{0}{\gamma} + \frac{0^2}{2g} = 204 + 0 + \frac{0^2}{2g} + f \cdot \frac{L}{D} \cdot \frac{v^2}{2g}$$

$$13 = f \cdot \frac{1100}{0.2} \cdot \frac{v^2}{2g}$$

Para obtener las pérdidas de carga continuas entre A y B aplicaremos la fórmula de Colebrook-White.

$$\frac{1}{\sqrt{f}} = -2 \cdot log \left(\frac{\varepsilon}{3.7 \cdot D} + \frac{2.51}{Re \cdot \sqrt{f}} \right)$$

Sin embargo, como no conocemos el caudal circulante en la tubería supondremos, inicialmente, que se produce un Régimen Turbulento Rugoso (RTR) para poder simplificar la expresión anterior.

$$\frac{1}{\sqrt{f}} = -2 \cdot log \left(\frac{\varepsilon}{3.7 \cdot D} \right)$$

$$\frac{1}{\sqrt{f}} = -2 \cdot log \left(\frac{0.025}{3.7 \cdot 200} \right)$$

$$f = 0.0125$$

Con este valor del factor de fricción calculamos la velocidad correspondiente y comprobamos si coincide el factor de fricción supuesto en RTR con el que obtenemos con dicha velocidad.

$$13 = 0.0125 \cdot \frac{1100}{0.2} \cdot \frac{v^2}{2g}$$

$$v = 1.926 \ m/s$$

Calculamos, a continuación, el número de Reynolds y el factor de fricción con esta velocidad:

$$Re = \frac{v \cdot D}{\vartheta} = \frac{1.926 \cdot 0.2}{10^{-6}} = 385200$$

$$\frac{1}{\sqrt{f}} = -2 \cdot log \left(\frac{0.025}{3.7 \cdot 200} + \frac{2.51}{385200 \cdot \sqrt{f}} \right)$$

$$f = 0.01515$$

Dado que el valor obtenido del factor de fricción no es igual al supuesto inicialmente en RTR, utilizamos este nuevo factor de fricción para calcular de nuevo la velocidad:

$$13 = 0.01515 \cdot \frac{1100}{0.2} \cdot \frac{v^2}{2g}$$

$$v = 1.75 \, m/s$$

De idéntica manera volvemos a calcular el número de Reynolds y el factor de fricción asociado:

$$Re = \frac{v \cdot D}{\vartheta} = \frac{1.75 \cdot 0.2}{10^{-6}} = 350000$$

$$\frac{1}{\sqrt{f}} = -2 \cdot log \left(\frac{0.025}{3.7 \cdot 200} + \frac{2.51}{350000 \cdot \sqrt{f}} \right)$$

$$f = 0.01533$$

Repetimos los mismos pasos anteriores hasta que converja el valor del factor de fricción:

$$13 = 0.01533 \cdot \frac{1100}{0.2} \cdot \frac{v^2}{2g}$$

$$v = 1.74 \, m/s$$

$$Re = \frac{v \cdot D}{\vartheta} = \frac{1.74 \cdot 0.2}{10^{-6}} = 348000$$

$$\frac{1}{\sqrt{f}} = -2 \cdot log \left(\frac{0.025}{3.7 \cdot 200} + \frac{2.51}{348000 \cdot \sqrt{f}} \right)$$

$$f = 0.01534$$

Este último valor es prácticamente igual al obtenido anteriormente, por lo que damos por buena la última velocidad. Por tanto, el máximo caudal será:

$$Q = v \cdot S = 1.74 \cdot \frac{\pi \cdot 0.20^2}{4} = 0.055 \, m^3/s$$

Para calcular el caudal mínimo que se trasvasará entre ambos depósitos, el nivel del depósito superior estará a 215 m y el nivel del depósito inferior a 208 m, obteniendo así el gradiente hidráulico mínimo. Aplicando Bernoulli se obtiene:

$$H_A = H_B + \Delta H_A^B$$

$$215 + \frac{0}{\gamma} + \frac{0^2}{2g} = 208 + 0 + \frac{0^2}{2g} + f \cdot \frac{L}{D} \cdot \frac{v^2}{2g}$$

$$7 = f \cdot \frac{1100}{0.2} \cdot \frac{v^2}{2g}$$

Al igual que en el caso anterior, suponemos RTR, obteniendo, inicialmente, el mismo valor del factor de fricción f = 0.0125. Sustituyendo en la anterior ecuación obtenemos el valor inicial de la velocidad:

$$7 = 0.0125 \cdot \frac{1100}{0.2} \cdot \frac{v^2}{2g}$$

$$v = 1.415 \, m/s$$

Comprobamos si el factor de fricción tiene igual valor con la velocidad obtenida:

$$Re = \frac{v \cdot D}{\vartheta} = \frac{1.415 \cdot 0.2}{10^{-6}} = 283000$$

$$\frac{1}{\sqrt{f}} = -2 \cdot log \left(\frac{0.025}{3.7 \cdot 200} + \frac{2.51}{283000 \cdot \sqrt{f}} \right)$$

$$f = 0.01577$$

Al no obtener el mismo valor del que habíamos partido seguimos iterando con este último factor de fricción.

$$7 = 0.01577 \cdot \frac{1100}{0.2} \cdot \frac{v^2}{2g}$$

$$v = 1.26 \, m/s$$

$$Re = \frac{v \cdot D}{\vartheta} = \frac{1.26 \cdot 0.2}{10^{-6}} = 252000$$

$$\frac{1}{\sqrt{f}} = -2 \cdot log \left(\frac{0.025}{3.7 \cdot 200} + \frac{2.51}{252000 \cdot \sqrt{f}} \right)$$

$$f = 0.01603$$

Seguimos iterando:

$$7 = 0.01603 \cdot \frac{1100}{0.2} \cdot \frac{v^2}{2g}$$

$$v = 1.25 \ m/s$$

$$Re = \frac{v \cdot D}{\vartheta} = \frac{1.25 \cdot 0.2}{10^{-6}} = 250000$$

$$\frac{1}{\sqrt{f}} = -2 \cdot log\left(\frac{0.025}{3.7 \cdot 200} + \frac{2.51}{250000 \cdot \sqrt{f}}\right)$$

$$f = 0.01605$$

En este caso damos por bueno el valor del factor de fricción y la velocidad anterior, por lo que el caudal mínimo tendría un valor de:

$$Q = v \cdot S = 1.25 \ \cdot \frac{\pi \cdot 0.20^2}{4} = 0.039 \ m^3/s$$

b) Posibilidad de cavitación

El mayor peligro de cavitación se producirá en el punto más alto. La situación en la que la presión en dicho punto puede ser más negativa será cuando ambos depósitos se encuentren en su nivel más bajo ya que la línea piezométrica de la instalación se encontrará a mayor distancia del punto referido. Planteamos, por tanto, la ecuación de Bernoulli entre ambos depósitos con sus niveles más bajos:

$$H_A = H_B + \Delta H_A^B$$

$$215 + \frac{0}{\gamma} + \frac{0^2}{2g} = 204 + 0 + \frac{0^2}{2g} + f \cdot \frac{L}{D} \cdot \frac{v^2}{2g}$$

$$11 = f \cdot \frac{1100}{0.2} \cdot \frac{v^2}{2g}$$

Volvemos a suponer RTR y utilizamos f = 0.0125, obteniendo:

$$11 = 0.0125 \cdot \frac{1100}{0.2} \cdot \frac{v^2}{2g}$$

$$v = 1.77 \, m/s$$

Comprobamos el factor de fricción:

$$Re = \frac{v \cdot D}{\vartheta} = \frac{1.77 \cdot 0.2}{10^{-6}} = 354000$$

$$\frac{1}{\sqrt{f}} = -2 \cdot log\left(\frac{0.025}{3.7 \cdot 200} + \frac{2.51}{354000 \cdot \sqrt{f}}\right)$$

$$f = 0.01531$$

Seguimos iterando:

$$7 = 0.01531 \cdot \frac{1100}{0.2} \cdot \frac{v^2}{2g}$$

$$v = 1.60 \, m/s$$

$$Re = \frac{v \cdot D}{\vartheta} = \frac{1.60 \cdot 0.2}{10^{-6}} = 320000$$

$$\frac{1}{\sqrt{f}} = -2 \cdot log\left(\frac{0.025}{3.7 \cdot 200} + \frac{2.51}{320000 \cdot \sqrt{f}}\right)$$

$$f = 0.01551$$

Seguimos iterando:

$$7 = 0.01551 \cdot \frac{1100}{0.2} \cdot \frac{v^2}{2g}$$

$$v = 1.59 \, m/s$$

$$Re = \frac{v \cdot D}{\vartheta} = \frac{1.59 \cdot 0.2}{10^{-6}} = 318000$$

$$\frac{1}{\sqrt{f}} = -2 \cdot log\left(\frac{0.025}{3.7 \cdot 200} + \frac{2.51}{318000 \cdot \sqrt{f}}\right)$$

$$f = 0.01552$$

Consideramos correcto este factor de fricción y la velocidad correspondiente, por lo que el caudal que circularía en este caso sería:

$$Q = v \cdot S = 1.59 \cdot \frac{\pi \cdot 0.20^2}{4} = 0.05 \ m^3/s$$

Comprobamos a continuación cuál es la presión en el punto alto (C) cuando circula este caudal estableciendo la ecuación de Bernoulli entre el depósito superior (A) y el punto C.

$$H_A = H_B + \Delta H_A^C$$

$$Z_A + \frac{P_A}{\gamma} + \frac{v_A^2}{2g} = Z_C + \frac{P_C}{\gamma} + \frac{v_C^2}{2g} + \Delta H_A^C$$

$$215 + \frac{0}{\gamma} + \frac{0^2}{2g} = 218 + \frac{P_C}{\gamma} + \frac{1.59^2}{2g} + 0.01552 \cdot \frac{100}{0.2} \cdot \frac{1.59^2}{2g} \rightarrow \frac{P_C}{\gamma} = -4.13 \ m.c.a.$$

Esta presión la comparamos con la presión de cavitación que tendrá un valor de:

$$\frac{P_{Cav}}{\gamma} = 0.5 - 10.33 = -9.83 \ m.c.a. < -4.13 \ m.c.a$$

Por lo que no habrá riesgo de cavitación para la conducción.

c) Línea de carga estática (LCE), Línea de carga dinámica (LCD) y Línea piezométrica (LP).

$$\frac{v_{AB}^2}{2g} = \frac{1.59^2}{2g} = 0.13 \ m$$

Figura 110: Esquema de líneas de carga estática (LCE), dinámica (LCD) y piezométrica (LP) del sistema de tuberías de Problema 5.7.

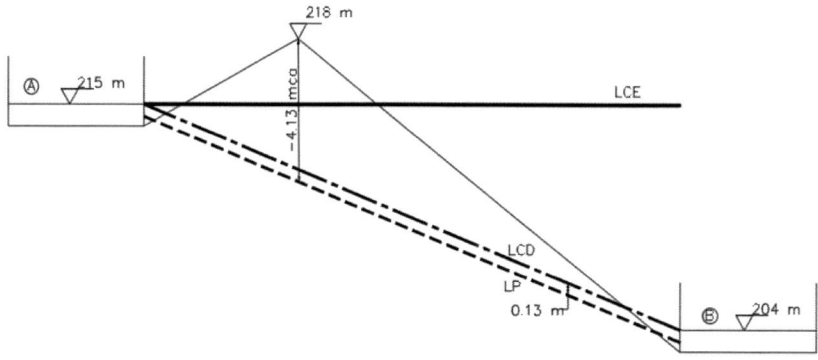

Problema 6.1.

En la tubería de la figura, indicar cuál es el caudal circulante y la presión en el punto C. A continuación, se desea instalar una bomba en el punto A de modo que el caudal transportado se duplique. Suponiendo un rendimiento del equipo de 0.8, indicar cuál es la potencia de la bomba.

Figura 111: Esquema del sistema de tuberías de Problema 6.1.

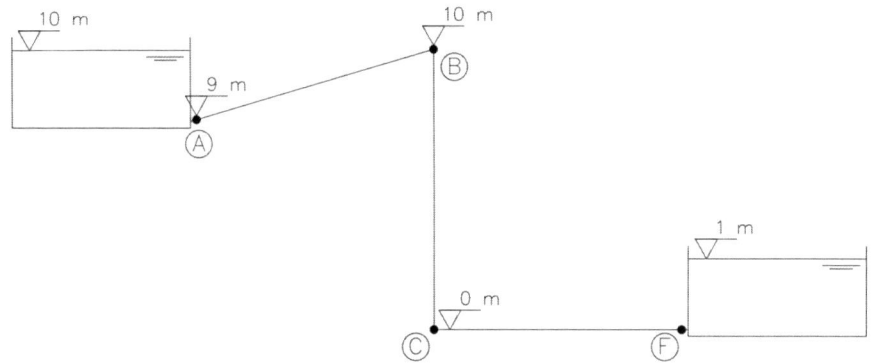

Datos:

Diámetro de la tubería: D = 500 mm; Rugosidad absoluta: ε = 1 mm; Viscosidad cinemática del agua: ϑ =10^{-6} m²/s.

Pérdidas de carga localizadas: K_A = K_B = K_C = 0.5 y K_F = 1.

Longitud AB = Longitud CF = 1000 m; Longitud BC = 10 m

Para obtener el caudal circulante por la tubería de la figura bajo las condiciones iniciales (sin bomba), aplicaremos el teorema de Bernoulli entre los dos depósitos, a los cuales llamaremos depósito 1 y depósito 2.

$$H_1 = H_2 + \Delta H_1^2$$

Por lo que, desarrollando el teorema de Bernoulli, obtenemos la siguiente expresión:

$$Z_1 + \frac{P_1}{\gamma} + \frac{v_1^2}{2g} = Z_2 + \frac{P_2}{\gamma} + \frac{v_2^2}{2g} + \Delta H_1^2$$

Sustituyendo los términos de la expresión anterior:

$$10 + \frac{0}{\gamma} + \frac{0^2}{2g} = 1 + \frac{0}{\gamma} + \frac{0^2}{2g} + \Delta H_1^2$$

$$9 = \Delta H_1^2$$

Para obtener las pérdidas de carga totales, debemos considerar las pérdidas de carga distribuidas y las localizadas que se producen en toda la longitud de la tubería (2010 m). Para la obtención de las pérdidas distribuidas aplicaremos la fórmula de Darcy-Weisbach, y las pérdidas localizadas las dejaremos en función del término cinético, utilizando para ello el factor de pérdidas de carga proporcionado en el enunciado.

$$\Delta H_2^1 = f \cdot \frac{L}{D} \cdot \frac{v^2}{2g} + 3 \cdot 0.5 \cdot \frac{v^2}{2g} + 1 \cdot \frac{v^2}{2g}$$

$$9 = f \cdot \frac{2010}{0.5} \cdot \frac{v^2}{2g} + 3 \cdot 0.5 \cdot \frac{v^2}{2g} + 1 \cdot \frac{v^2}{2g}$$

A continuación, para obtener el valor del coeficiente de fricción (f), aplicaremos la fórmula de Colebrook-White:

$$\frac{1}{\sqrt{f}} = -2log\left(\frac{\varepsilon}{3.7 \cdot D} + \frac{2.51}{Re \cdot \sqrt{f}}\right)$$

Para poder simplificar la formula anterior, supondremos que en la tubería se produce un Régimen Turbulento Rugoso (RTR), lo cual reduce la fórmula de Colebrook-White a la siguiente expresión:

$$\frac{1}{\sqrt{f}} = -2log\left(\frac{\varepsilon}{3.7 \cdot D}\right)$$

Sustituyendo los términos de la formula, obtenemos un valor preliminar del coeficiente de fricción (f') bajo la suposición anterior:

$$\frac{1}{\sqrt{f'}} = -2log\left(\frac{10^{-3}}{3.7 \cdot 0.5}\right)$$

$$f' = 0.023$$

A continuación, sustituimos este coeficiente de fricción preliminar (f') en la fórmula de Darcy-Weisbach inicial y calculamos la velocidad preliminar (v'):

$$9 = f' \cdot \frac{2010}{0.5} \cdot \frac{v'^2}{2g} + 2.5 \cdot \frac{v'^2}{2g}$$

$$9 = 0.023 \cdot \frac{2010}{0.5} \cdot \frac{v'^2}{2g} + 2.5 \cdot \frac{v'^2}{2g}$$

$$v' = 1.86 \, m/s$$

Con la velocidad obtenida, ya podemos aplicar la fórmula de Colebrook-White completa. Para ello primero calculamos el número de Reynolds (Re):

$$Re = \frac{v \cdot D}{\vartheta}$$

$$Re = \frac{1.86 \cdot 0.5}{10^{-6}} = 929760$$

Conocido el número de Reynolds, calculamos el valor del coeficiente de fricción con la fórmula de Colebrook-White:

$$\frac{1}{\sqrt{f}} = -2log\left(\frac{\varepsilon}{3.7 \cdot D} + \frac{2.51}{Re \cdot \sqrt{f}}\right)$$

$$\frac{1}{\sqrt{f}} = -2log\left(\frac{10^{-3}}{3.7 \cdot 0.5} + \frac{2.51}{929760 \cdot \sqrt{f}}\right)$$

Y mediante un proceso iterativo obtenemos:

$$f = 0.0236$$

A continuación, volvemos a calcular la velocidad utilizando para ello la fórmula de Darcy-Weisbach inicial:

$$9 = f \cdot \frac{2010}{0.5} \cdot \frac{v^2}{2g} + 2.5 \cdot \frac{v^2}{2g}$$

$$9 = 0.0236 \cdot \frac{2010}{0.5} \cdot \frac{v^2}{2g} + 2.5 \cdot \frac{v^2}{2g}$$

$$v = 1.347 \; m/s$$

Con esta velocidad, procedemos a comprobar el factor de fricción:

$$Re = \frac{1.347 \cdot 0.5}{10^{-6}} = 673500$$

$$\frac{1}{\sqrt{f}} = -2log \left(\frac{10^{-3}}{3.7 \cdot 0.5} + \frac{2.51}{673500 \cdot \sqrt{f}} \right)$$

$$f = 0.0237$$

Dado que el factor de fricción sale aún algo diferente al anterior (0.02346), procedemos, de nuevo, a calcular la velocidad del flujo con este nuevo valor:

$$9 = f \cdot \frac{2010}{0.5} \cdot \frac{v^2}{2g} + 2.5 \cdot \frac{v^2}{2g}$$

$$9 = 0.0237 \cdot \frac{2010}{0.5} \cdot \frac{v^2}{2g} + 2.5 \cdot \frac{v^2}{2g}$$

$$v = 1.344 \; m/s$$

Con esta velocidad, procedemos a comprobar el factor de fricción:

$$Re = \frac{1.344 \cdot 0.5}{10^{-6}} = 672000$$

$$\frac{1}{\sqrt{f}} = -2log \left(\frac{10^{-3}}{3.7 \cdot 0.5} + \frac{2.51}{672000 \cdot \sqrt{f}} \right)$$

$$f = 0.0237$$

Como el valor del coeficiente de fricción es similar al obtenido anteriormente, lo damos por válido y consideramos la última velocidad como la media del flujo que circula en la tubería.

Conocida la velocidad y la sección de la tubería, podemos calcular el caudal circulante por el sistema de la figura bajo las condiciones iniciales (sin bomba):

$$Q = v \cdot S = 1.344 \cdot \frac{\pi \cdot 0.5^2}{4} = 0.264 \, m^3/s$$

A continuación, tal y como indica el enunciado, comprobaremos la presión en el punto C. Para ello aplicaremos el teorema de Bernoulli entre el depósito 1 y el punto C.

$$H_1 = H_C + \Delta H_C^1$$

Desarrollando el teorema de Bernoulli y considerando las pérdidas de carga distribuidas y localizadas hasta el punto C:

$$Z_1 + \frac{P_1}{\gamma} + \frac{v_1^2}{2g} = Z_C + \frac{P_C}{\gamma} + \frac{v_C^2}{2g} + \Delta H_C^1$$

$$10 + \frac{0}{\gamma} + \frac{0^2}{2g} = 0 + \frac{P_C}{\gamma} + \frac{1.344^2}{2g} + 0.0237 \cdot \frac{1010}{0.5} \cdot \frac{1.344^2}{2g} + 1.5 \cdot \frac{1.344^2}{2g}$$

Despejando la presión en C de la ecuación anterior podemos conocer la situación actual en ese punto:

$$\frac{P_C}{\gamma} = 5.36 \, m.c.a.$$

En la segunda parte del problema, se desea instalar una bomba en el punto A de modo que el caudal transportado se duplique.

$$Q' = 2 \cdot 0.264 = 0.528 \, m^3/s$$

$$v' = 2 \cdot 1.344 = 2.69 \, m/s$$

A continuación, el enunciado nos pide que calculemos la potencia de la bomba (P) para un rendimiento de 0.8.

$$P = \frac{\gamma \cdot Q \cdot H_{Bomba}}{\eta}$$

Para poder obtener la energía que aporta la bomba al sistema, debemos aplicar el teorema de Bernoulli otra vez entre el depósito 1 y el depósito 2.

$$H_1 + H_{Bomba} = H_2 + \Delta H_1^2$$

Desarrollando el teorema de Bernoulli anterior, obtenemos la siguiente expresión:

$$Z_1 + \frac{P_1}{\gamma} + \frac{v_1^2}{2g} + H_{Bomba} = Z_2 + \frac{P_2}{\gamma} + \frac{v_2^2}{2g} + \Delta H_1^2$$

$$10 + \frac{0}{\gamma} + \frac{0^2}{2g} + H_{Bomba} = 1 + \frac{0}{\gamma} + \frac{0^2}{2g} + f \cdot \frac{2010}{0.5} \cdot \frac{2.69^2}{2g} + 2.5 \cdot \frac{2.69^2}{2g}$$

Para obtener el coeficiente de fricción aplicaremos la fórmula de Colebrook-White.

$$\frac{1}{\sqrt{f}} = -2log\left(\frac{\varepsilon}{3.7 \cdot D} + \frac{2.51}{Re \cdot \sqrt{f}}\right)$$

$$Re = \frac{v \cdot D}{\vartheta}$$

$$Re = \frac{2.69 \cdot 0.5}{10^{-6}} = 1345000$$

$$\frac{1}{\sqrt{f}} = -2log\left(\frac{10^{-3}}{3.7 \cdot 0.5} + \frac{2.51}{1345000 \cdot \sqrt{f}}\right)$$

$$f = 0.02356$$

Sustituyendo el coeficiente de fricción en el teorema de Bernoulli anterior:

$$9 + H_{Bomba} = 0.02356 \cdot \frac{2010}{0.5} \cdot \frac{2.69^2}{2g} + 2.5 \cdot \frac{2.69^2}{2g}$$

$$H_{Bomba} = 26.85 \, m.c.a$$

Por último, conocida la energía que aporta la bomba, podemos calcular la potencia de la bomba.

$$P = \frac{\gamma \cdot Q \cdot H_{Bomba}}{\eta} = \frac{9810 \cdot 0.528 \cdot 26.85}{0.8} = 173843 \, W = 173.843 \, kW$$
$$= 236.20 \, CV$$

Problema 6.2.

Una bomba aspira agua a 20°C (Presión de vapor absoluta = 0.41 m.c.a.), cuando la altura de aspiración es de 2.52 m y las pérdidas de carga en ese tramo son 0.27 m.c.a. Determinar el NPSH disponible y comprobar si se produciría cavitación en la bomba para un caudal de 3 l/s cuando el fabricante suministra el siguiente gráfico para el NPSH requerido. Considerar la presión atmosférica igual a 10.33 m.c.a.

Figura 112: Esquema del sistema de tuberías y gráfica NPSH de Problema 6.2.

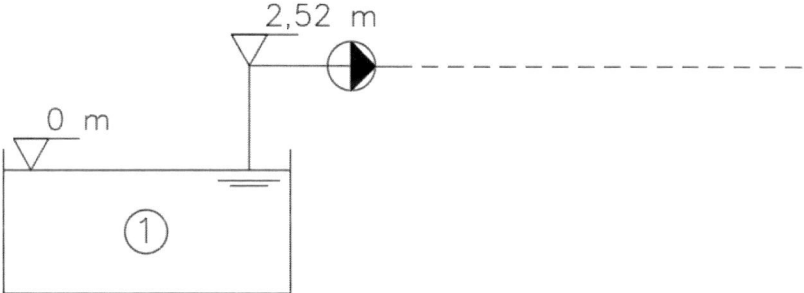

Para conocer el NPSH (Net Positive Suction Head) disponible, aplicaremos el teorema de Bernoulli entre el depósito 1 y el eje de la bomba, justo antes de que la bomba añada energía al sistema.

$$H_1 = H_{Eje} + \Delta H_1^{Eje}$$

Para conocer el NPSH, utilizaremos presiones absolutas y tomaremos la lámina del agua del depósito 1 como referencia, cota 0. Cabe destacar que las pérdidas de carga totales del sistema estarán formadas por las pérdidas de carga proporcionadas en el enunciado más las producidas en el interior de la bomba. Además, consideraremos despreciable el término cinético a la entrada a la bomba frente al resto de valores en el trinomio de Bernouilli.

$$Z_1 + \frac{P_1}{\gamma} + \frac{v_1{}^2}{2g} = Z_{Eje} + \frac{P_{Eje}}{\gamma} + \frac{v_{Eje}{}^2}{2g} + \Delta H_{Eje}^1 + NPSH$$

$$0 + 10.33 + \frac{0^2}{2g} = 2.52 + 0.41 + 0 + 0.27 + NPSH$$

Despejando el NPSH de la ecuación anterior:

$$NPSH = 7.13 \; m.c.a.$$

La solución anterior nos indica que el NPSH máximo disponible para evitar problemas de cavitación en la bomba es igual a 7.13 m.c.a. Por tanto, utilizando la tabla proporcionada en el enunciado, observamos que para un caudal de 3 l/s, el NPSH requerido por la bomba es de 2 m.c.a., por lo que no se produciría cavitación en la bomba.

Figura 113: Esquema de selección del NPSH de Problema 6.2.

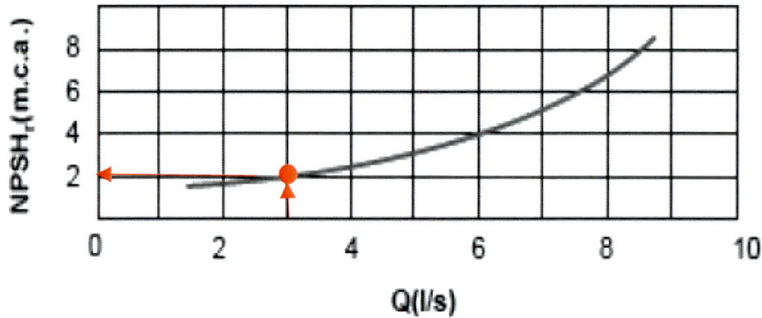

Problema 6.3.
Con los datos proporcionados en la figura, determinar:

a) El caudal circulante por la conducción y la altura manométrica desarrollada por la bomba en su punto de funcionamiento.
b) La potencia si el rendimiento de la bomba es de 0.7.
c) Si la presión de vapor absoluta es 0.41 m.c.a., ¿existirán problemas de cavitación? Considerar la presión atmosférica igual a 10.33 m.c.a.
d) Dibujas las líneas de energía y presión.

Figura 114: Esquema del sistema de tuberías y gráfica NPSH de Problema 6.3.

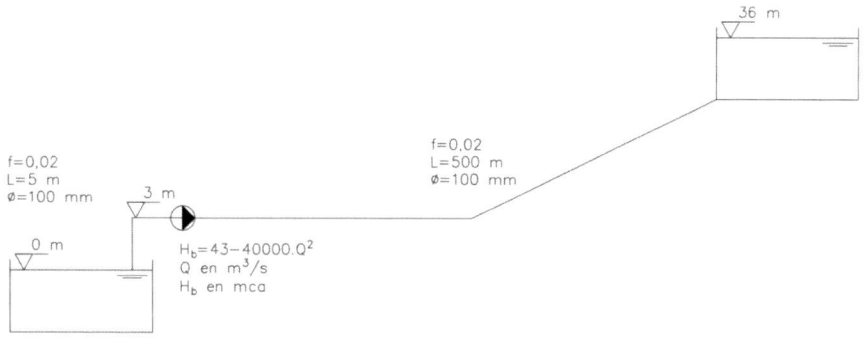

a) **Caudal.**

Para poder determinar el caudal circulante por la conducción de la figura aplicaremos el teorema de Bernoulli entre ambos depósitos, a los cuales llamaremos depósito 1 y depósito 2.

$$H_1 + H_b = H_2 + \Delta H_1^2$$

Si desarrollamos el teorema de Bernoulli anterior:

$$Z_1 + \frac{P_1}{\gamma} + \frac{v_1{}^2}{2g} + H_b = Z_2 + \frac{P_2}{\gamma} + \frac{v_2{}^2}{2g} + \Delta H_1^2$$

De la figura proporcionada, podemos extraer la curva característica de la bomba (H_b).

$$H_b = 43 - 40{,}000 \cdot Q^2$$

Para este ejercicio, utilizaremos la fórmula de Darcy-Weisbach en función del caudal para el cálculo de las pérdidas de carga distribuidas.

$$\Delta H_1^2 = f \cdot \frac{L}{D} \cdot \frac{v^2}{2g} = 0.0827 \cdot f \cdot L \cdot \frac{Q^2}{D^5}$$

Sustituyendo las expresiones anteriores en el teorema de Bernoulli desarrollado:

$$Z_1 + \frac{P_1}{\gamma} + \frac{v_1^2}{2g} + H_b = Z_2 + \frac{P_2}{\gamma} + \frac{v_2^2}{2g} + \Delta H_1^2$$

$$Z_1 + \frac{P_1}{\gamma} + \frac{v_1^2}{2g} + 43 - 40000 \cdot Q^2 = Z_2 + \frac{P_2}{\gamma} + \frac{v_2^2}{2g} + 0.0827 \cdot f \cdot L \cdot \frac{Q^2}{D^5}$$

Por último, sustituyendo los valores conocidos de la expresión anterior podemos calcular el caudal circulante por la conducción.

$$0 + \frac{0}{\gamma} + \frac{0^2}{2g} + 43 - 40,000 \cdot Q^2 = 36 + \frac{0}{\gamma} + \frac{0^2}{2g} + 0.0827 \cdot 0.02 \cdot 505 \cdot \frac{Q^2}{0.1^5}$$

$$43 - 36 = 83527 \cdot Q^2 + 40000 \cdot Q^2$$

$$7 = 123527 \cdot Q^2$$

$$Q = 0.0075 \ m^3/s$$

Conocido el caudal circulante, ya podemos determinar la altura manométrica desarrollada por la bomba en su punto de funcionamiento. Para ello, sustituimos el caudal estimado en la ecuación de la curva característica de la bomba (H_b):

$$H_b = 43 - 40000 \cdot Q^2$$

$$H_b = 43 - 40000 \cdot 0.0075^2 = 40.75 \ m.c.a.$$

b) Potencia

Se pide la potencia de la bomba en kW. Para ello aplicaremos las formula de la potencia y sustituimos sus valores:

$$P = \frac{\gamma \cdot Q \cdot H_{Bomba}}{\eta}$$

$$P = \frac{9810 \cdot 0.0075 \cdot 40.75}{0.7} = 4283.12 \, W = 4.28 \, kW$$

c) Problemas de cavitación

Debemos comprobar si existen problemas de cavitación en la bomba. Para ello determinamos el NPSH disponible y lo comparamos con el requerido por la bomba para el caudal calculado. Recordar que utilizaremos presiones absolutas para el cálculo del NPSH.

$$Z_1 + \frac{P_1}{\gamma} + \frac{v_1^2}{2g} = Z_{Eje} + \frac{P_{Eje}}{\gamma} + \frac{v_{Eje}^2}{2g} + \Delta H_1^{Eje} + NPSH$$

La velocidad a la entrada a la bomba resultará:

$$v = \frac{Q}{A} = \frac{Q}{\frac{\pi \cdot D^2}{4}} = \frac{0.0075}{\frac{\pi \cdot D^2}{4}} = 0.955 \, m/s$$

$$0 + 10.33 + \frac{0^2}{2g} = 3 + 0.41 + \frac{0.955^2}{2g} + \Delta H_1^{Eje} + NPSH$$

Para estimar las pérdidas de carga distribuidas desde el depósito 1 a la bomba, volveremos a aplicar la fórmula de Darcy-Weisbach en función del caudal.

$$\Delta H_{Eje}^1 = 0.0827 \cdot f \cdot L \cdot \frac{Q^2}{D^5}$$

$$\Delta H_{Eje}^1 = 0.0827 \cdot 0.02 \cdot 5 \cdot \frac{0.0075^2}{0.1^5} = 0.0465 \, m.c.a.$$

$$10.33 = 3 + 0.41 + 0.0465 + NPSH$$

Despejando el NPSH disponible de la ecuación anterior:

$$NPSH = 6.874 \, m.c.a.$$

Utilizando la tabla proporcionada en el enunciado, observamos que para un caudal de 7.5 l/s, el NPSH requerido por la bomba es de 6 m.c.a., por lo que no se producirían problemas de cavitación.

Figura 115: Esquema de selección de NPSH de Problema 6.3.

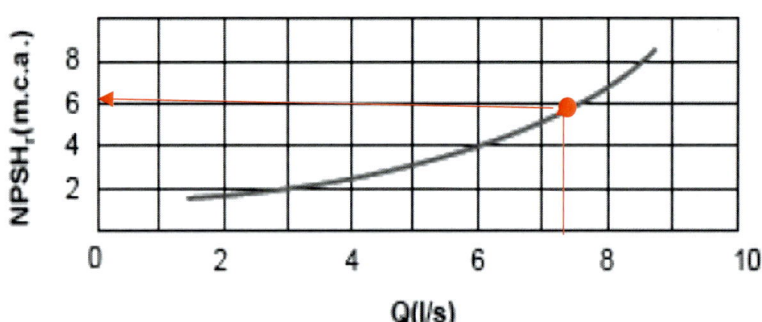

d) Líneas de energía y presión

Antes de dibujar ambas líneas determinaremos el término cinético (idéntico en toda la tubería) que se restará a la línea de energía para obtener la línea piezométrica:

$$\frac{v^2}{2g} = \frac{0.955^2}{2g} = 0.046 \, m$$

Por otro lado, la presión relativa a la entrada de la bomba tendrá un valor de:

$$\frac{P_B}{\gamma} = NPSH + \frac{P_v}{\gamma} - \frac{P_{atm}}{\gamma} = 6.874 + 0.41 - 10.33 = -3.046 \, m.c.a.$$

Figura 116: Esquema de líneas de carga dinámica (LCD) y piezométrica (LP) del sistema de tuberías de Problema 6.3.

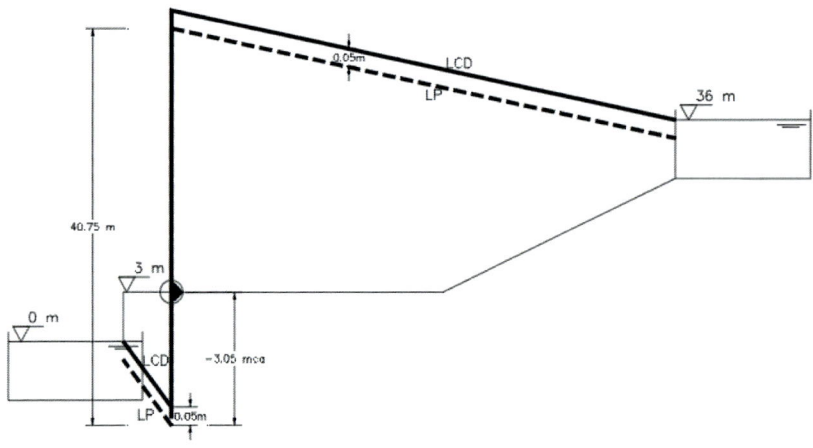

Problema 6.4.

La tubería de la figura suministra a una población a partir de un cauce, atravesando una zona cuya topografía se detalla. Se desea suministrar un caudal de 100 l/s, siendo el diámetro de la tubería 250 mm y la rugosidad 1 mm. Existe una válvula a la entrada del depósito de suministro, cuya misión es regular el caudal. La presión máxima admisible en las tuberías es de 100 m.c.a. La presión mínima es de -5 m.c.a. Se utilizará un sistema de bombas que no vulnere las hipótesis de cálculo, y tan reducido como sea posible (un mínimo de bombas de altura mínima). Si se ponen varias bombas, se pondrán iguales. El NPSH requerido se considerará 6 m.c.a. Se despreciarán las pérdidas locales, salvo las indicadas en el dibujo. Se supone la tubería compuesta por dos segmentos (A-B; B-C). El punto C entrega a cota 40 m a presión atmosférica. Considerar la presión de vapor igual 0.33 m.c.a. y la presión atmosférica igual a 10.33 m.c.a.

a) Valor de la pérdida local en la válvula de entrada del depósito para cumplir las hipótesis de cálculo.

b) Definición del bombeo: Altura de bombeo inicial, numero de bombas y altura máxima de aspiración.

Figura 117: Esquema del sistema de tuberías de Problema 6.4.

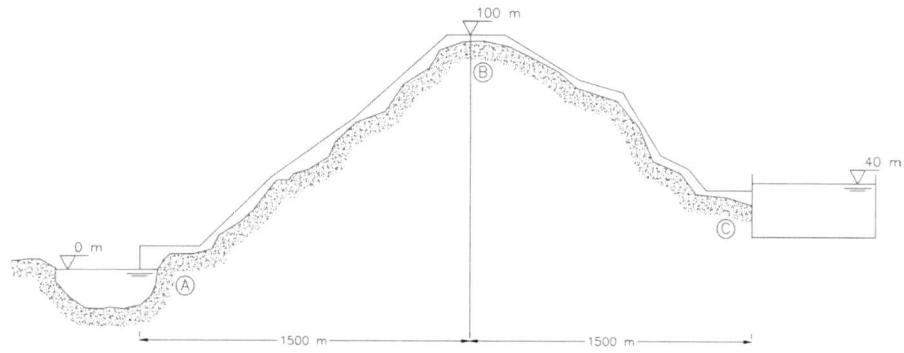

Para empezar con el problema extraeremos los datos del enunciado y calcularemos algunas variables que utilizaremos más adelante.

$$Q = 100 \, l/s = 0.1 \ m^3/s$$

$$D = 250 \, mm = 0.25 \, m$$

$$\varepsilon = 1 \, mm = 10^{-3} \, m$$

$$\frac{P_{max}}{\gamma} = 100 \, m.c.a.$$

$$\frac{P_{min}}{\gamma} = -5 \, m.c.a.$$

$$NPSH = 6 \, m.c.a.$$

a) Pérdida local en válvula depósito

Conocido el caudal y el diámetro de la tubería podemos obtener la velocidad de circulación del agua en la misma.

$$Q = v \cdot S = v \cdot \pi \cdot \frac{D^2}{4}$$

$$v = \frac{Q}{\pi \cdot \frac{D^2}{4}} = \frac{0.1}{\pi \cdot \frac{0.25^2}{4}} = 2.037 \, m/s$$

Conocida la velocidad podemos calcular el número de Reynolds y por tanto aplicar la fórmula de Colebrook-White para obtener el coeficiente de fricción de la tubería (f).

$$Re = \frac{v \cdot D}{\vartheta}$$

$$Re = \frac{2.037 \cdot 0.25}{10^{-6}} = 509250$$

$$\frac{1}{\sqrt{f}} = -2log\left(\frac{\varepsilon}{3.7 \cdot D} + \frac{2.51}{Re \cdot \sqrt{f}}\right)$$

$$\frac{1}{\sqrt{f}} = -2log\left(\frac{10^{-3}}{3.7 \cdot 0.25} + \frac{2.51}{509250 \cdot \sqrt{f}}\right)$$

$$f = 0.0286$$

A continuación, aplicaremos el teorema de Bernoulli entre el punto B y C bajo la hipótesis de que la presión en B es -5 m.c.a. (presión mínima). Para obtener las pérdidas de carga distribuidas usaremos la fórmula de Darcy-Weisbach.

$$H_B = H_C + \Delta H_B^C + \Delta H_{valvula}$$

$$Z_B + \frac{P_B}{\gamma} + \frac{v_B^2}{2g} = Z_C + \frac{P_C}{\gamma} + \frac{v_C^2}{2g} + f \cdot \frac{L}{D} \cdot \frac{v^2}{2g} + K_{valvula} \cdot \frac{v^2}{2g}$$

Conocidos todos los valores de la expresión anterior podemos calcular el coeficiente de pérdidas de carga de la válvula ($K_{valvula}$).

$$100 - 5 + \frac{2.037^2}{2g} = 40 + 0 + 0 + 0.0286 \cdot \frac{1500}{0.25} \cdot \frac{2.037^2}{2g} + K_{valvula} \cdot \frac{2.037^2}{2g}$$

$$K_{valvula} = 89.46$$

Como el enunciado nos pide el valor de la pérdida local en la válvula de entrada del depósito ($\Delta H_{valvula}$):

$$\Delta H_{valvula} = K_{valvula} \cdot \frac{v^2}{2g} = 59.46 \cdot \frac{2.037^2}{2g} = 18.92 \ m.c.a.$$

b) Definición de equipo bombeo

Nos piden definir el bombeo, por lo que debemos obtener la altura manométrica de bombeo, número de bombas y altura máxima de aspiración.

Para obtener la altura manométrica de bombeo, aplicamos el teorema de Bernoulli entre el punto A y B, manteniendo las hipótesis del apartado anterior.

$$H_A + H_{Bomba} = H_B + \Delta H_A^B$$

$$Z_A + \frac{P_A}{\gamma} + \frac{v_A^2}{2g} + H_{Bomba} = Z_B + \frac{P_B}{\gamma} + \frac{v_B^2}{2g} + \Delta H_A^B$$

$$0 + 0 + 0 + H_{Bomba} = 100 - 5 + \frac{2.037^2}{2g} + 0.0286 \cdot \frac{1500}{0.25} \cdot \frac{2.037^2}{2g}$$

$$H_{Bomba} = 131.50 \ m.c.a.$$

Conocida la altura manométrica de bombeo, observamos que supera la presión máxima admisible en las tuberías (100 m.c.a.) por lo que utilizaremos dos bombas en serie para poder repartir este incremento de presión a lo largo de la tubería.

$$\frac{H_{Bomba}}{2} = \frac{131.50}{2} = 65.75 \ m.c.a.$$

Por último, para conocer la altura máxima de aspiración aplicaremos el teorema de Bernouilli entre el depósito A y el eje de la bomba, utilizando para ello presiones absolutas.

$$H_A = H_{Eje} + NPSH + \Delta H_A^{Eje}$$

$$Z_A + \frac{P_A}{\gamma} + \frac{v_A^2}{2g} = Z_{Eje} + \frac{P_{Eje}}{\gamma} + NPSH + \frac{v_{Eje}^2}{2g} + \Delta H_{Eje}^A$$

Considerando que el NPSH requerido es 6 m.c.a.:

$$0 + 10.33 + 0 = Z_{Eje} + 0.33 + 6 + \frac{2.037^2}{2g} + 0$$

Por tanto, la altura máxima de aspiración, o la cota máxima a la cual podemos colocar la bomba, sería igual a la cota del eje calculada.

$$Z_{Eje} = 3.79 \ m$$

Problema 6.5.

El depósito regulador de una población se alimenta mediante un embalse que se encuentra a una distancia de 1 km y a una cota 150 m inferior a la cota del depósito mencionado. Para ello se va a utilizar un grupo de bombeo formado por un conjunto de bombas en serie (rendimiento 75%) cuyas características vienen dadas para una velocidad de 1.800 r.p.m. por la ecuación H= 120 - 20 Q^2 (H en m.c.a. y Q en m^3/s). La tubería que se utilizará para la impulsión tendrá un diámetro de 400 mm y será de polietileno con n de Manning 0.008 $m^{-1/3}$·s Las pérdidas de carga localizadas se consideran equivalentes a 15% de longitud de tubería.

a) Si se quiere limitar la velocidad en la tubería a 2,5 m/s, determinar el número de bombas necesarias en el caso de que la altura del agua en el depósito sea de 7 m.

b) Si se utilizaran dos bombas funcionando a 2.000 r.p.m., calcular la potencia necesaria para elevar agua desde el embalse al depósito cuando este último tiene una altura del agua de 7 m.

Figura 118: Esquema del sistema de tuberías de Problema 6.5.

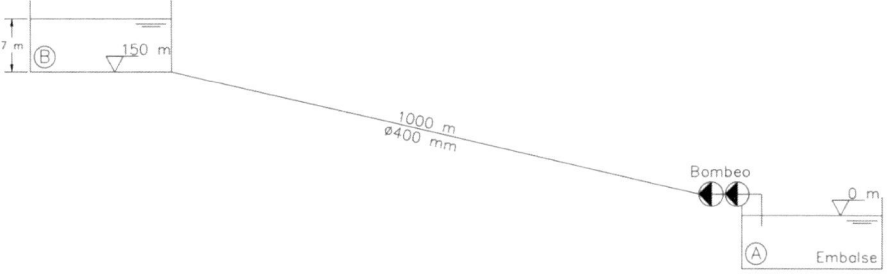

a) Número de bombas necesarias

Si se quiere limitar la velocidad a 2.5 m/s, el caudal máximo que podrá circular por la impulsión vendrá dado por:

$$Q = v \cdot A = 2.5 \cdot \frac{\pi \cdot 0.4^2}{4} = 0.314 \ m^3/s$$

Para conocer el número de bombas necesarias se aplicará el teorema de Bernoulli entre el embalse (A) y el depósito superior (B):

$$H_A + H_{Bomba} = H_B + \Delta H_A^A$$

$$Z_A + \frac{P_A}{\gamma} + \frac{v_A^2}{2g} + H_{Bomba} = Z_B + \frac{P_B}{\gamma} + \frac{v_B^2}{2g} + \Delta H_A^B$$

$$0 + 0 + 0 + H_{Bomba} = 157 + 0 + 0 + \Delta H_A^B$$

Asimismo, sustituimos H_{Bomba} por la ecuación de la bomba, considerando un número de bombas "n", que será la incógnita del problema a resolver y las pérdidas de carga por la expresión de Manning.

$$n \cdot (120 - 20\,Q^2) = 157 + \frac{n^2 \cdot v^2}{R_H^{\frac{4}{3}}} \cdot L$$

$$n \cdot (120 - 20 \cdot 0.314^2) = 157 + \frac{0.008^2 \cdot 2.5^2}{\left(\frac{0.4}{4}\right)^{4/3}} \cdot 1000 * 1.15$$

Notar que la longitud de la tubería (1000 m) se ha multiplicado por 1.15 para considerar el 15% de pérdidas localizadas que indica el problema.

Resolviendo la anterior ecuación, nos queda que:

$$n \cdot 118.028 = 157 + 9.91$$

$$n = 1.41 \; bombas$$

Si utilizamos dos bombas el caudal que podría llevar sería mayor porque se dividiría la altura manométrica entre ambas bombas y el caudal aumentaría, tal y como podemos comprobar a continuación:

$$2 \cdot (120 - 20 \cdot Q^2) = 157 + \frac{0.008^2 \cdot \left(\dfrac{Q}{\frac{\pi \cdot 0.4^2}{4}}\right)^2}{\left(\frac{0.4}{4}\right)^{4/3}} \cdot 1000 * 1.15$$

$$240 - 40 \cdot Q^2 = 157 + 100.41 \cdot Q^2$$

Obteniendo un caudal de **Q = 0.77 m³/s**, por lo que la velocidad en la tubería sería muy superior a 2.5 m/s. Por lo que se optaría, inicialmente, por colocar sólo una bomba. Operamos de igual manera que con dos bombas resultando:

$$1 \cdot (120 - 20 \cdot Q^2) = 157 + \frac{0.008^2 \cdot \left(\dfrac{Q}{\frac{\pi \cdot 0.4^2}{4}}\right)^2}{\left(\dfrac{0.4}{4}\right)^{4/3}} \cdot 1000 \cdot 1.15$$

$$120 - 20 \cdot Q^2 = 157 + 100.41 \cdot Q^2$$

$$-37 = 120.41 \cdot Q^2$$

No se obtiene una solución real a esta ecuación con una sola bomba, por lo que una única bomba no es capaz de elevar el agua desde el embalse hasta el depósito y dos bombas provocan una velocidad mayor a 2.5 m/s. Se debería, por tanto, optar por una bomba diferente que se adecuara a la altura manométrica requerida y caudal requerido para no alcanzar velocidades excesivas.

b) Funcionamiento de dos bombas a 2000 rpm

Como ahora las bombas funcionarán a una velocidad distinta a la que indicaba la curva característica en el enunciado (1800 rpm), habrá que determinar la nueva ecuación de la bomba funcionando a 2000 rpm. Para ello, se utilizarán las relaciones entre velocidad y caudal y velocidad y altura manométrica:

$$\frac{Q_1}{Q_2} = \frac{N_1}{N_2} \qquad\qquad \frac{H_1}{H_2} = \left(\frac{N_1}{N_2}\right)^2$$

En el caso que nos ocupa, N_1=1500 rpm y N_2=2000 rpm, por lo que la relación entre caudales y alturas manométricas a distintas velocidades tendrían las siguientes expresiones:

$$\frac{Q_{1800}}{Q_{2000}} = \frac{1800}{2000} \qquad\qquad \frac{H_{1800}}{H_{2000}} = \left(\frac{1800}{2000}\right)^2$$

Si partimos de la ecuación característica de la bomba a 1800 rpm:

$$H_{1800} = 120 - 20 \cdot Q_{1800}^2$$

Podemos proceder a la sustitución de las relaciones obtenidas entre los parámetros a distintas velocidades.

$$\left(\frac{1800}{2000}\right)^2 \cdot H_{2000} = 120 - 20 \cdot \left(\frac{1800}{2000} Q_{2000}\right)^2$$

Quedando finalmente la ecuación característica de la curva a 2000 rpm:

$$H_{2000} = 148.15 - 20 \cdot Q_{2000}^2$$

Si tenemos dos bombas igual en paralelo el caudal que circulará por cada una de ellas será la mitad del caudal que se impulse hasta el depósito superior, quedando, por tanto, la ecuación de Bernoulli entre el embalse y el depósito superior como sigue:

$$H_A + H_{Bomba} = H_B + \Delta H_B^A$$

$$Z_A + \frac{P_A}{\gamma} + \frac{v_A{}^2}{2g} + 2 \cdot (148.15 - 20 \cdot Q^2) = Z_B + \frac{P_B}{\gamma} + \frac{v_B{}^2}{2g} + \frac{n^2 \cdot \left(\frac{Q}{A}\right)^2}{R_H^{\frac{4}{3}}} \cdot L$$

$$296.3 - 40 \cdot Q^2 = 157 + \frac{0.008^2 \cdot \left(\dfrac{Q}{\pi \cdot \frac{0.4^2}{4}}\right)^2}{\left(\frac{0.4}{4}\right)^{\frac{4}{3}}} \cdot 1000 \cdot 1.15$$

$$139.3 = 140.41 \cdot Q^2$$

$$Q = 0.996 \, \frac{m^3}{s}$$

La altura manométrica que están impulsando ambas bombas funcionando en serie vendrá dada por su ecuación característica:

$$2 \cdot H_{2000} = 2 \cdot (148.15 - 20 \cdot Q_{2000}^2) = 2 \cdot (148.15 - 20 \cdot 0.996^2) = 256.62 \, m$$

Por lo que, finalmente, la potencia necesaria será de:

$$P = \frac{\gamma \cdot Q \cdot H}{\eta} = \frac{9810 \cdot 0.996 \cdot 256.62}{0.75} = 3343163.24 \, w = 3343.2 \, Kw$$

Problema 6.6.

Una bomba B de curva característica H(m) = 35 - 220 Q^2, Q en m^3/s, alimenta mediante una tubería ramificada de rugosidad 0.65 mm dos depósitos cuyas cotas medidas desde el nivel del agua en el pozo de alimentación son respectivamente 18 m y 10 m según la figura adjunta. Maniobrando en la válvula "V" se consigue que los caudales Q_2 y Q_3 (en ambas ramas) sean iguales.

Se pide:

a) Calcular los caudales.

b) Coeficiente de pérdidas locales en la válvula.

c) Coste de elevar 1 Hm^3 si el precio del Kw-h es 0.15 € y el rendimiento de la bomba es 0.80.

Figura 119: Esquema del sistema de tuberías de Problema 6.6.

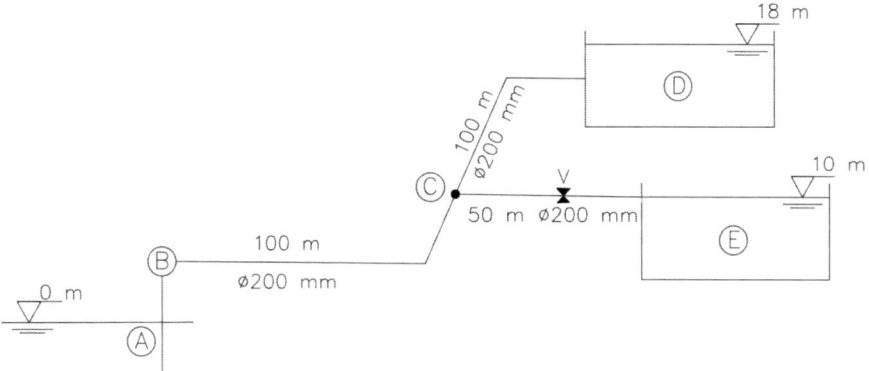

Considerar coeficientes de pérdidas locales en las desembocaduras igual a 1 y 0.5 para la toma en la aspiración.

a) Caudales.

Si los caudales que llegan a los depósitos son iguales ($Q_2=Q_3$) entonces, el caudal bombeado (Q_1) será el doble de estos caudales:

$$Q_1 = 2 \cdot Q_2 = 2 \cdot Q_3$$

En base a esta relación entre caudales, establecemos Bernoulli desde A hasta D:

$$H_A + H_{Bomba} = H_D + \Delta H_A^D$$

$$Z_A + \frac{P_A}{\gamma} + \frac{v_A{}^2}{2g} + H_{Bomba} = Z_D + \frac{P_D}{\gamma} + \frac{v_D{}^2}{2g} + \Delta H_A^D$$

Como el caudal que va desde A hasta C (Q₁) y es distinto del que circula desde C hasta D (Q₂), dividiremos las pérdidas de carga entre estos dos tramos, añadiéndole, de igual manera, las pérdidas locales señaladas:

$$Z_A + \frac{P_A}{\gamma} + \frac{v_A{}^2}{2g} + H_{Bomba} = Z_D + \frac{P_D}{\gamma} + \frac{v_D{}^2}{2g} + \Delta H_A^D$$

$$0 + \frac{0}{\gamma} + \frac{0^2}{2g} + 35 - 220\,Q_1^2 = 18 + \frac{0}{\gamma} + \frac{0^2}{2g} + \Delta H_A^C + \Delta H_C^D$$

$$35 - 220\,Q_1^2 = 18 + f_{AC}\cdot\frac{L_{AC}}{D_{AC}}\cdot\frac{v_{AC}^2}{2g} + K_{asp}\cdot\frac{v_{AB}^2}{2g} + f_{CD}\cdot\frac{L_{CD}}{D_{CD}}\cdot\frac{v_{CD}^2}{2g} + K_{desemb}\cdot\frac{v_{CD}^2}{2g}$$

Debido a que no conocemos los caudales, ambos factores de fricción se determinarán suponiendo RTR en todos los tramos:

$$\frac{1}{\sqrt{f}} = -2\cdot log\left(\frac{\varepsilon}{3.7\cdot D}\right) = -2\cdot log\left(\frac{0.65}{3.7\cdot 200}\right) \rightarrow f = 0.0268$$

Quedando, por tanto, la expresión de Bernoulli:

$$17 - 220\,Q_1^2 = 0.0268\cdot\frac{100}{0.2}\cdot\frac{\left(\dfrac{Q_1}{\pi\cdot\dfrac{0.2^2}{4}}\right)^2}{2g} + 1\cdot\frac{\left(\dfrac{Q_1}{\pi\cdot\dfrac{0.2^2}{4}}\right)^2}{2g} + 0.0268\cdot\frac{100}{0.2}$$

$$\cdot\frac{\left(\dfrac{\dfrac{Q_1}{2}}{\pi\cdot\dfrac{0.2^2}{4}}\right)^2}{2g} + 0.5\cdot\frac{\left(\dfrac{\dfrac{Q_1}{2}}{\pi\cdot\dfrac{0.2^2}{4}}\right)^2}{2g} \rightarrow Q_1 = 0.1225\ m^3/s$$

Y, por lo tanto, los caudales en las otras tuberías serán la mitad de éste:

$$Q_2 = Q_3 = \frac{Q_1}{2} = 0.062\ m^3/s$$

A continuación, comprobamos los factores de fricción supuestos inicialmente. Para ello, calculamos las velocidades en ambos tramos:

$$v_{AC} = \frac{Q_1}{\pi \cdot \dfrac{D_{AC}^2}{4}} = \frac{0.1225}{\pi \cdot \dfrac{0.2^2}{4}} = 3.90 \; m/s$$

$$v_{CD} = \frac{Q_2}{\pi \cdot \dfrac{D_{CD}^2}{4}} = \frac{0.062}{\pi \cdot \dfrac{0.2^2}{4}} = 1.97 \; m/s$$

Procedemos a calcular ahora los factores de fricción con la formulación de Colebrook-White:

$$Re_{AC} = \frac{3.90 \cdot 0.2}{10^{-6}} = 780000$$

$$\frac{1}{\sqrt{f_{AC}}} = -2 \cdot log \left(\frac{0.65}{3.7 \cdot 200} + \frac{2.51}{780000 \cdot \sqrt{f_{AC}}} \right) \rightarrow f_{AC} = 0.0269 \approx 0.0268$$

$$Re_{CD} = \frac{1.97 \cdot 0.2}{10^{-6}} = 394000$$

$$\frac{1}{\sqrt{f_{CD}}} = -2 \cdot log \left(\frac{0.65}{3.7 \cdot 200} + \frac{2.51}{394000 \cdot \sqrt{f_{CD}}} \right) \rightarrow f_{AC} = 0.0271 \approx 0.0268$$

Dado que los valores obtenidos son muy próximos a los supuestos inicialmente, damos por buenos los factores de fricción y, consecuentemente, los caudales asociados.

b) **Coeficiente de pérdidas locales en la válvula.**

Planteamos en este caso Bernoulli de A hasta el depósito E:

$$H_A + H_{Bomba} = H_E + \Delta H_A^E$$

$$Z_A + \frac{P_A}{\gamma} + \frac{v_A^2}{2g} + H_{Bomba} = Z_E + \frac{P_E}{\gamma} + \frac{v_E^2}{2g} + \Delta H_A^E$$

$$0 + \frac{0}{\gamma} + \frac{0^2}{2g} + 35 - 220 \, Q_1^2 = 10 + \frac{0}{\gamma} + \frac{0^2}{2g} + \Delta H_A^C + \Delta H_C^E$$

$$35 - 220 \cdot 0.1225^2$$
$$= 10 + f_{AC} \cdot \frac{L_{AC}}{D_{AC}} \cdot \frac{v_{AC}^2}{2g} + K_{asp} \cdot \frac{v_{AB}^2}{2g} + f_{CE} \cdot \frac{L_{CE}}{D_{CE}} \cdot \frac{v_{CE}^2}{2g} + K_{válv} \cdot \frac{v_{CE}^2}{2g}$$
$$+ K_{desemb} \cdot \frac{v_{CE}^2}{2g}$$

$$31.70 = 10 + 0.0268 \cdot \frac{100}{0.2} \cdot \frac{3.90^2}{2g} + 0.5 \cdot \frac{3.90^2}{2g} + 0.0268 \cdot \frac{50}{0.2} \cdot \frac{1.97^2}{2g} + K_{v\acute{a}lv}$$

$$\cdot \frac{1.97^2}{2g} + 1 \cdot \frac{1.97^2}{2g} \rightarrow K_{v\acute{a}lv} = 47.53$$

c) Coste de elevar 1 Hm³

En este apartado tendremos que calcula la potencia de la bomba y el tiempo necesario para elevar un volumen de 1 Hm³. En el caso de la potencia, la energía que suministra la bomba viene determinada por la expresión:

$$H_{Bomba} = 35 - 220\, Q_1^2 = 35 - 20 * 0.1225^2 = 34.70\ m$$

Por lo que la potencia necesaria será:

$$P = \frac{\gamma \cdot Q \cdot H}{\eta} = \frac{9810 \cdot 0.1225 \cdot 34.70}{0.80} = 52124.82\ w = 52.12\ Kw$$

El tiempo necesario se obtendrá dividiendo el volumen entre el caudal:

$$Q = \frac{V}{t} \rightarrow t = \frac{V}{Q} = \frac{1000000}{0.1225} = 8163265.31\ s = 2267.57\ h$$

Por lo que, finalmente el coste de elevar 1 Hm³ será:

$$Coste = P \cdot t \cdot Coste\ unitario = 52.12 \cdot 2267.57 \cdot 0.15 = 17727.86\ €$$

Problema 6.7.

Para una población situada a una cota de 15 m (punto D) se está proyectando tomar agua desde un embalse que se localiza a una cota de 25 m (punto A). El problema es que entre ambos existe un macizo montañoso por lo que, para no elevar excesivamente los costes de la obra con la construcción de un túnel, se deberá llegar al punto más alto posible (punto C) con la tubería de alimentación y se está planteando la colocación de un grupo de bombeo a la salida del embalse (punto B). La población tiene un consumo de 15 l/s.

a) Se pretende que el punto C se ubique a la cota 35 m y, para ello, se colocará una bomba en el punto B. Determinar la cota máxima de localización de la bomba para que no se produzca cavitación en la bomba si el NPSH = 5 m.c.a. y la potencia necesaria para que no se produzca cavitación en el punto C. (rendimiento=75%)

b) Dibujar las líneas de energía y piezométrica resultante.

Figura 120: Esquema del sistema de tuberías de Problema 6.7.

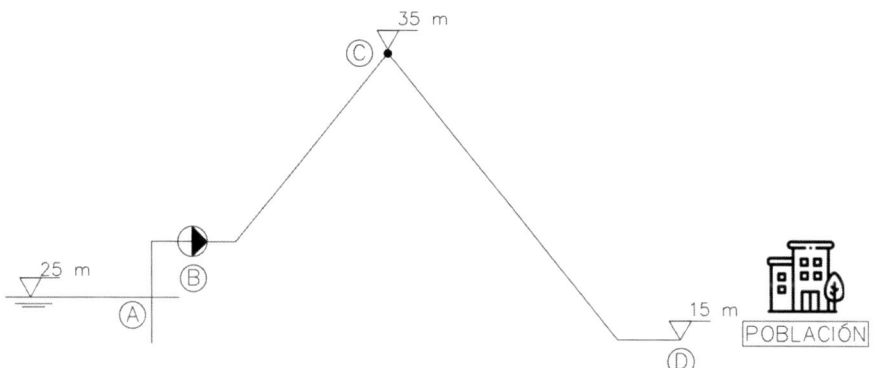

Tabla 2: Características de la instalación de Problema 6.7.

Tubería	Longitud (m)	Diámetro (mm)	Rugosidad (mm)
AB	50	150	0.08
BC	1500	200	0.08
CD	2000	200	0.08

Notas:
- Considerar las pérdidas de carga localizadas en cada codo con un coeficiente de 5.
- P_{atm}/γ = 10.33 m.c.a. y P_v/γ = 0.50 m.c.a.

a) Cota y potencia de la bomba

Para que en la bomba no se produzca cavitación deberemos limitar la presión a la entrada de la misma al valor dado por el NPSH y la presión de vapor. Por lo tanto, la presión mínima a la entrada de la bomba deberá ser:

$$\frac{P_B}{\gamma} = \frac{P_v}{\gamma} + NPSH - \frac{P_{atm}}{\gamma} = 0.5 + 5 - 10.33 = -4.83 \ mca$$

Por otro lado, la velocidad en el tramo AB se puede obtener a través del valor del caudal:

$$Q = v_{AB} \cdot S_{AB} \rightarrow v_{AB} = \frac{Q}{S_{AB}} = \frac{0.015}{\pi \cdot \dfrac{0.15^2}{4}} = 0.85 \ m/s$$

Procedemos, a continuación, a plantear Bernoulli entre A y B para determinar la cota de la bomba, considerando como pérdidas locales el codo que hay antes de entrar a la bomba:

$$H_A = H_B + \Delta H_A^B$$

$$Z_A + \frac{P_A}{\gamma} + \frac{v_A^2}{2g} = Z_B + \frac{P_B}{\gamma} + \frac{v_B^2}{2g} + \Delta H_A^B$$

$$25 + \frac{0}{\gamma} + \frac{0^2}{2g} = Z_B - 4.83 + \frac{0.85^2}{2g} + f_{AB} \cdot \frac{L_{AB}}{D_{AB}} \cdot \frac{v_{AB}^2}{2g} + 5 \cdot \frac{v_{AB}^2}{2g}$$

$$29.79 = Z_B + f_{AB} \cdot \frac{50}{0.15} \cdot \frac{0.85^2}{2g} + 5 \cdot \frac{0.85^2}{2g}$$

El factor de fricción se calculará mediante la formulación de Colebrook-White:

$$Re_{AB} = \frac{v \cdot D}{\vartheta} = \frac{0.85 \cdot 0.15}{10^{-6}} = 127500$$

$$\frac{1}{\sqrt{f_{AB}}} = -2 \cdot log\left(\frac{0.08}{3.7 \cdot 150} + \frac{2.51}{127500 \cdot \sqrt{f_{AB}}}\right) \rightarrow f_{AB} = 0.0199$$

$$29.79 = Z_B + 0.0199 \cdot \frac{50}{0.15} \cdot \frac{0.85^2}{2g} + 5 \cdot \frac{0.85^2}{2g} \rightarrow Z_B = 29.38 \ m$$

En cuanto a la potencia de la bomba, se requiere una altura manométrica tal que no se produzca cavitación en el punto C. Para ello, se planteará la ecuación de Bernoulli entre el punto A y el punto C, condicionando a que la presión en C sea superior a la presión de vapor:

$$\frac{P_C}{\gamma} = \frac{P_{atm}}{\gamma} - \frac{P_v}{\gamma} = 0.5 - 10.33 = -9.83 \ mca$$

La velocidad en el tramo BC es distinta al tramo Ab ya que el diámetro es distinto:

$$Q = v_{BC} \cdot S_{BC} \rightarrow v_{BC} = \frac{Q}{S_{BC}} = \frac{0.015}{\pi \cdot \frac{0.20^2}{4}} = 0.48 \ m/s$$

También habrá que tener en cuenta en las pérdidas locales que en el recorrido desde A hasta C existen tres codos y que los diámetros en los tramos AB y BC son distintos, por lo que las velocidades y los factores de fricción también serán distintos:

$$H_A + H_{Bomba} = H_C + \Delta H_A^C$$

$$Z_A + \frac{P_A}{\gamma} + \frac{v_A^2}{2g} + H_{Bomba} = Z_C + \frac{P_C}{\gamma} + \frac{v_C^2}{2g} + \Delta H_A^C$$

$$25 + \frac{0}{\gamma} + \frac{0^2}{2g} + H_{Bomba}$$
$$= 35 - 9.83 + \frac{0.48^2}{2g} + f_{AB} \cdot \frac{L_{AB}}{D_{AB}} \cdot \frac{v_{AB}^2}{2g} + 5 \cdot \frac{v_{AB}^2}{2g} + f_{BC} \cdot \frac{L_{BC}}{D_{BC}}$$
$$\cdot \frac{v_{BC}^2}{2g} + 2 \cdot 5 \cdot \frac{v_{BC}^2}{2g}$$

$$H_{Bomba} = 0.18 + 0.0199 \cdot \frac{50}{0.15} \cdot \frac{0.85^2}{2g} + 5 \cdot \frac{0.85^2}{2g} + f_{BC} \cdot \frac{1500}{0.2} \cdot \frac{0.48^2}{2g} + 2 \cdot 5$$
$$\cdot \frac{0.48^2}{2g}$$

Al igual que antes, el factor de fricción se calculará mediante la formulación de Colebrook-White:

$$Re_{AB} = \frac{v \cdot D}{\vartheta} = \frac{0.48 \cdot 0.20}{10^{-6}} = 96000$$

$$\frac{1}{\sqrt{f_{BC}}} = -2 \cdot log \left(\frac{0.08}{3.7 \cdot 200} + \frac{2.51}{96000 \cdot \sqrt{f_{BC}}} \right) \rightarrow f_{BC} = 0.0200$$

Por lo que, la altura de la bomba necesaria será:

$$H_{Bomba} = 0.18 + 0.0199 \cdot \frac{50}{0.15} \cdot \frac{0.85^2}{2g} + 5 \cdot \frac{0.85^2}{2g} + 0.0200 \cdot \frac{1500}{0.2} \cdot \frac{0.48^2}{2g} + 2$$

$$\cdot 5 \cdot \frac{0.48^2}{2g} = 2.49 \; mca$$

Por lo que la potencia necesaria vendrá dada por la siguiente expresión:

$$P = \frac{\gamma \cdot Q \cdot H_{Bomba}}{\eta} = \frac{9810 \cdot 0.015 \cdot 2.49}{0.75} = 488.54 \; w$$

b) Líneas de carga y piezométrica

En primer lugar, determinamos los términos cinéticos en todas las tuberías, así como las pérdidas de carga localizadas en cada uno de los codos y la presión en el punto de consumo D:

$$\frac{v_{AB}^2}{2g} = \frac{0.85^2}{2g} = 0.037 \; m \rightarrow \Delta h_{codoAB} = 5 \cdot 0.037 = 0.18 \; m$$

$$\frac{v_{BC}^2}{2g} = \frac{v_{CD}^2}{2g} = \frac{0.48^2}{2g} = 0.012 \; m \rightarrow \Delta h_{codoBC-CD} = 5 \cdot 0.012 = 0.06 \; m$$

Para determinar la presión en D plantearemos la ecuación de Bernoulli entre A y D, sabiendo que el coeficiente de fricción en la tubería CD es el mismo que en la BC:

$$H_A + H_{Bomba} = H_D + \Delta H_A^D$$

$$Z_A + \frac{P_A}{\gamma} + \frac{v_A^2}{2g} + H_{Bomba} = Z_D + \frac{P_D}{\gamma} + \frac{v_D^2}{2g} + \Delta H_A^B + \Delta H_B^D$$

$$25 + \frac{0}{\gamma} + \frac{0^2}{2g} + 2.49$$

$$= 15 + \frac{P_D}{\gamma} + \frac{0.48^2}{2g} + 0.0199 \cdot \frac{50}{0.15} \cdot \frac{0.85^2}{2g} + 5 \cdot \frac{0.85^2}{2g}$$

$$+ 0.0200 \cdot \frac{3500}{0.2} \cdot \frac{0.48^2}{2g} + 3 \cdot 5 \cdot \frac{0.48^2}{2g} \rightarrow \frac{P_D}{\gamma} = 7.76 \; mca$$

Figura 121: Esquema de líneas de carga dinámica (LCD) y piezométrica (LP) del sistema de tuberías de Problema 6.7.

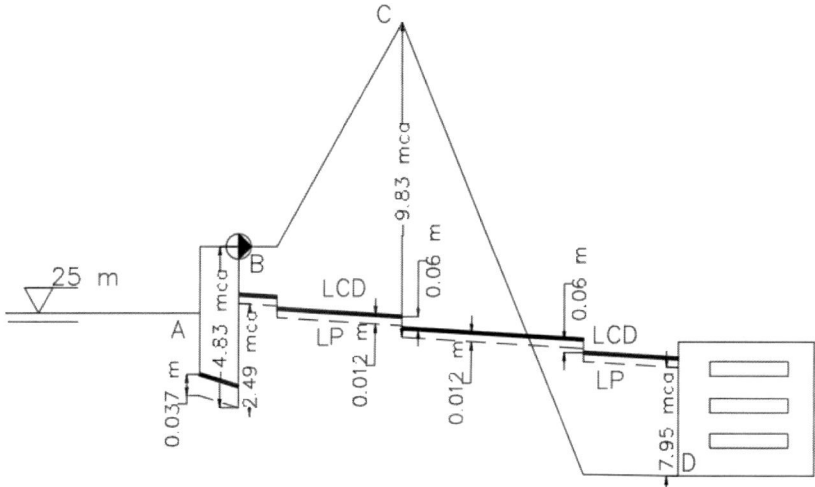

GOLPE DE ARIETE

Problema 7.1.

Por una conducción de 1200 m de longitud y 400 mm de diámetro se transporta un caudal de 200 l/s de agua. Se conoce que la tubería de 8 mm de espesor de paredes es de acero cuyo módulo de elasticidad es de $2 \cdot 10^{11}$ N/m². Si se cierra una válvula dispuesta en su extremo final se desea conocer la sobrepresión producida por golpe de ariete.

a) Si el cierre se efectúa en 4 s.
b) Si el cierre se realiza en 2 s.

Para conocer la sobrepresión producida por golpe de ariete provocada por el cierre de una válvula en una tubería a presión se comprueba inicialmente si nos encontramos en cierre lento o cierre rápido:

$$T > \frac{2 \cdot L}{a} \rightarrow Cierre\ lento$$

$$T < \frac{2 \cdot L}{a} \rightarrow Cierre\ rápido$$

Donde **T** es el tiempo de cierre de la válvula, **L** la longitud de la tubería y **a** es la celeridad de onda.

Para calcular la celeridad de onda en una tubería elástica, utilizamos la siguiente expresión:

$$a = \frac{9,900}{\sqrt{48.3 + k \cdot \dfrac{D}{e}}}$$

$$k = \frac{10^{11}}{E}$$

Donde **D** es el diámetro, **e** es el espesor y **E** es el módulo de elasticidad de la tubería en N/m^2.

Sustituyendo todos los valores en la expresión anterior, obtenemos la celeridad de onda de la tubería.

$$k = \frac{10^{11}}{2 \cdot 10^{11}} = 0.5$$

$$a = \frac{9900}{\sqrt{48.3 + 0.5 \cdot \dfrac{400}{8}}} = 1156.3 \; m/s$$

A continuación, sustituimos la expresión inicial:

$$\frac{2 \cdot L}{a} = \frac{2 \cdot 1200}{1156.3} = 2.07 \; s$$

a) Cierre 4 s

Si el cierre se produjera en 4 s, estaríamos ante un cierre lento. Por tanto, para calcular la sobrepresión producida por golpe de ariete (ΔH) utilizaríamos la fórmula de Michaud:

$$\Delta H = \frac{2 \cdot L \cdot V}{g \cdot T}$$

Para aplicar la fórmula de Michaud necesitamos conocer la velocidad del agua en la tubería:

$$Q = v \cdot S = v \cdot \pi \cdot \frac{D^2}{4}$$

$$v = \frac{Q}{\pi \cdot \dfrac{D^2}{4}} = \frac{0.2}{\pi \cdot \dfrac{0.4^2}{4}} = 1.59 \; m/s$$

Conocida la velocidad, sustituimos los valores de la fórmula de Michaud, para obtener la sobrepresión.

$$\Delta H = \frac{2 \cdot 1200 \cdot 1.59}{g \cdot 2.07}$$

$$\Delta H = \pm\, 187.92 \; m.c.a.$$

b) Cierre en 2 s

Por el contrario, si el cierre se produjera en 2 s, estaríamos ante un cierre rápido. Por lo que, en este caso, utilizaríamos la fórmula de Allievi.

$$\Delta H = \frac{a \cdot V}{g}$$

$$\Delta H = \frac{1156.3 \;\cdot 1.59}{g} = \pm\, 187.41 \; m.c.a$$

Problema 7.2.

Se tiene una central hidroeléctrica que trabaja con un salto bruto de 750 m y dispone de una tubería forzada de 1.2 m de diámetro interior. El caudal circulante por la tubería es 3 m³/s. Se desea conocer el espesor que debiera adoptar la tubería si el cierre de la válvula es instantáneo.

Figura 122: Esquema del sistema de tuberías de Problema 7.2.

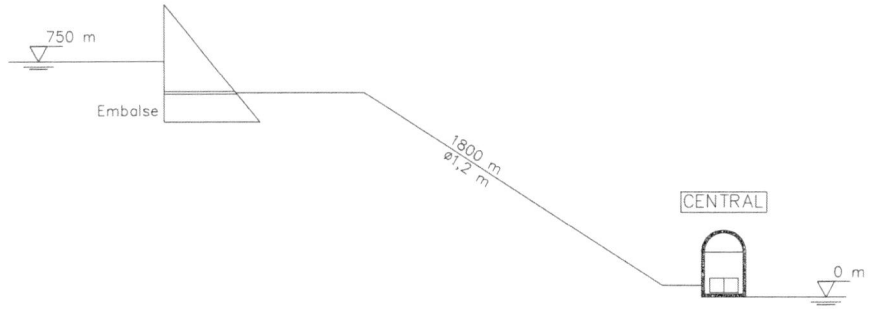

Datos:

Longitud de la tubería: 1800 m

Tensión admisible de trabajo del material: $1 \cdot 10^7$ N/m²

Módulo de elasticidad del material: $2.5 \cdot 10^{11}$ N/m²

Peso específico del agua: 10000 N/m³

La presión que se produce en la válvula cuando el agua deja de circular por el cierre de la válvula es igual al salto bruto (750 m.c.a), mientras que la tensión máxima admisible por el material es de $1 \cdot 10^7$ N/m², que al dividirla entre el peso específico del agua (10000 N/m³) nos proporcionaría la tensión máxima admisible por el material en m.c.a.

$$\frac{P_{max}}{\gamma} = \frac{1 \cdot 10^7}{10000} = 1000 \, m.c.a.$$

Si restamos ambos componentes, obtenemos la sobrepresión máxima que aguantaría la tubería al producirse el golpe de ariete.

$$\Delta H_{max} = 1000 - 750 = 250 \, m.c.a.$$

Ä continuación, para resolver este ejercicio utilizaremos la fórmula de Allievi, ya que el enunciado dice que el cierre es instantáneo (T = 0), por tanto, siempre estaremos ante la situación de cierre rápido.

$$\Delta H = \frac{a \cdot V}{g}$$

De la fórmula anterior obtenemos la celeridad de onda en la tubería, lo que nos permitirá calcular el espesor mínimo de la tubería para aguantar la sobrepresión provocada por el golpe de ariete. Sin embargo, antes debemos calcular la velocidad del agua en la tubería.

$$Q = v \cdot S = v \cdot \pi \cdot \frac{D^2}{4}$$

$$v = \frac{Q}{\pi \cdot \frac{D^2}{4}} = \frac{3}{\pi \cdot \frac{1.2^2}{4}} = 2.65 \, m/s$$

$$\Delta H = \frac{a \cdot V}{g}$$

$$250 = \frac{a \cdot 2.65}{g}$$

$$a = 925.47 \, m/s$$

Finalmente, obtenemos el espesor de la tubería despejando el mismo de la fórmula de la celeridad de onda.

$$a = \frac{9900}{\sqrt{48.3 + k \cdot \frac{D}{e}}}$$

$$k = \frac{10^{11}}{2.5 \cdot 10^{11}} = 0.4$$

$$925.47 = \frac{9900}{\sqrt{48.3 + 0.4 \cdot \frac{1.2}{e}}}$$

$$e_{min} = 0.00726 \, m = 7.26 \, mm$$

Problema 7.3.

Una bomba eleva agua desde un pozo a un depósito por medio de una tubería de PVC (E = 3·10⁹ N/m²) de 285 mm de diámetro y espesor 3.7 mm. Las características de la instalación de bombeo son las siguientes:

- Altura de impulsión: 35 m

- Longitud de impulsión: 400 m

- Caudal: 100 l/s

- Pérdida de carga total: 0.5 m.c.a. por cada 100 m de tubería.

Figura 123: Esquema del sistema de tuberías de Problema 7.3.

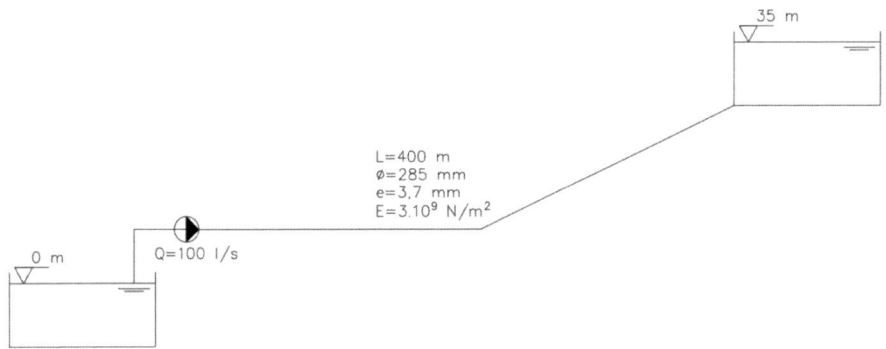

a) Calcular la celeridad de la tubería.
b) Calcular el tiempo de cese de la circulación del agua.
c) Calcular la presión máxima y mínima provocada por el golpe de ariete a la salida de la bomba.

Empezamos extrayendo los datos del enunciado:

$$E = 3 \cdot 10^9 \, N/m^2 \qquad D = 285 \, mm$$

$$e = 3.7 \, mm \qquad z = 35 \, m$$

$$L = 400 \, m \qquad Q = 100 \, l/s = 0.1 \, m^3/s$$

$$\Delta H = 0.5 \cdot \frac{400}{100} = 2 \, m.c.a.$$

a) **Celeridad.**

La celeridad de la tubería depende del módulo de elasticidad, diámetro y espesor de la tubería, todos ellos aportados por el enunciado.

$$k = \frac{10^{11}}{E}$$

$$k = \frac{10^{11}}{3 \cdot 10^9} = 33.33$$

$$a = \frac{9900}{\sqrt{48.3 + k \cdot \dfrac{D}{e}}}$$

$$a = \frac{9900}{\sqrt{48.3 + 33.33 \cdot \dfrac{285}{3.7}}} = 193.57 \, m/s$$

b) **Tiempo de parada.**

Para calcular el tiempo de cese de la circulación del agua, para el cual utilizaremos la fórmula de Mendiluce.

$$T = C + K \cdot \frac{L \cdot v}{g \cdot H_m}$$

Figura 124: Diagramas de cálculo de C y K para la fórmula de Mendiluce.

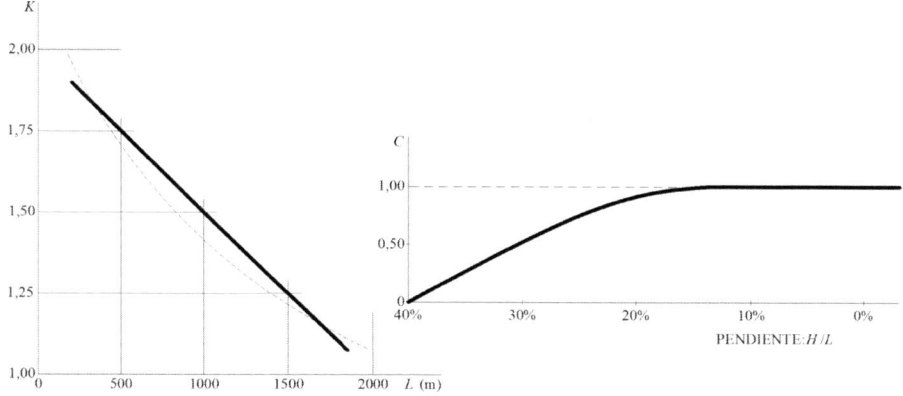

Donde K y C son coeficientes de ajuste empíricos, los cuales obtendremos de los diagramas que se adjuntan a continuación. L es la longitud de la tubería, v es la velocidad media del agua en la tubería y H_m es la altura manométrica, que en nuestro caso resulta de sumar la altura geométrica a las pérdidas de carga: 35+2 = 37 m.c.a.

De acuerdo con el diagrama I de Mendiluce, si L es 400 m, el coeficiente K es igual a 1.85. Mientras que según el diagrama II de Mendiluce, si la pendiente hidráulica es menor de 0.2, el coeficiente C es igual a 1.

$$Pendiente\ Hidráulica = \frac{H_m}{L} = \frac{37}{400} = 0.0925$$

Antes de sustituir todos los valores de la fórmula de Mendiluce, tenemos que calcular la velocidad del agua en la tubería.

$$Q = v \cdot S = v \cdot \pi \cdot \frac{D^2}{4}$$

$$v = \frac{Q}{\pi \cdot \dfrac{D^2}{4}} = \frac{0.1}{\pi \cdot \dfrac{0.285^2}{4}} = 1.567\ m/s$$

$$T = 1 + 1.85 \cdot \frac{400 \cdot 1.567}{g \cdot 37} = 4.195\ s$$

c) Presiones máxima y mínima.

Para calcular la presión máxima y mínima provocada por el golpe de ariete a la salida de la bomba necesitamos determinar la longitud crítica (Lc) a partir de la cual la sobrepresión del golpe de ariete se desarrolla por completo.

$$L_C = \frac{a \cdot T}{2}$$

$$L_C = \frac{193.57 \cdot 4.195}{2} = 406.013\ m$$

Como puede observarse, esta longitud crítica es mayor que la longitud de la tubería (400 m), se trata por tanto de una impulsión corta, por lo que la sobrepresión provocada por el golpe de ariete se obtendrá mediante la fórmula de Michaud:

$$\Delta H = \frac{2 \cdot L \cdot V}{g \cdot T}$$

$$\Delta H = \frac{2 \cdot 400 \cdot 1.567}{g \cdot 4.195} = \pm\ 30.46\ m.c.a.$$

Suponiendo despreciable la altura de aspiración, para obtener la presión máxima y mínima, al no haber velocidad del agua, solo influye la energía potencial (z) en la presión.

$$\frac{P_{Max}}{\gamma} = 35 + 30.46 = 65.46 \; m.c.a.$$

$$\frac{P_{Min}}{\gamma} = 35 - 30.46 = 4.54 \; m.c.a.$$

Figura 125: Esquema de líneas de presiones máximas y mínimas por golpe de ariete. de Problema 7.3.

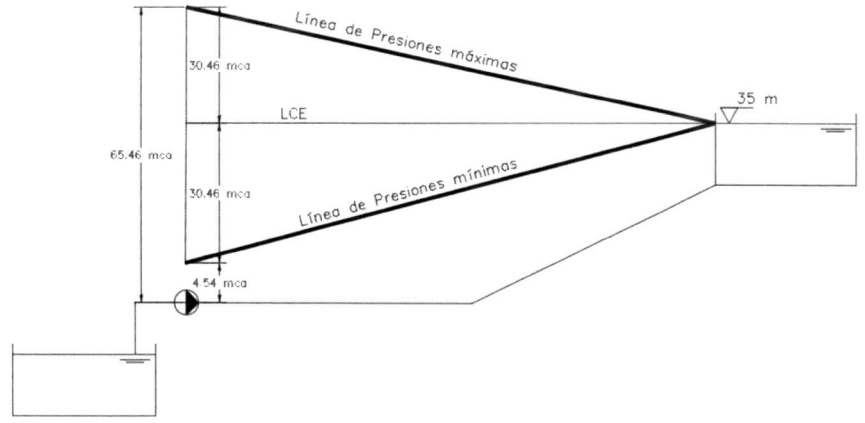

Problema 7.4.

Dos depósitos se abastecen desde un embalse de regulación mediante una estación de bombeo y un sistema de tuberías tal y como se muestra en la figura. El caudal de entrada al depósito 1 es de 120 l/s y al depósito 2 de 100 l/s. Todas las tuberías tienen un coeficiente de Manning $n=0.008 \, \text{m}^{-1/3}\cdot\text{s}$. Despreciando las pérdidas localizadas, determinar:

a) Diámetro comercial (incrementos de 50 mm) de los tres tramos del sistema bajo la condición de que la velocidad de circulación sea inferior a 2 m/s.

b) Altura manométrica que deberá suministrar el grupo de bombeo y cota de la lamina de agua del depósito 2.

c) Dibujar líneas de energía y presión acotando los valores más representativos.

d) Potencia necesaria si el rendimiento de la bomba es 75%.

e) Suponiendo que la bomba se encuentra a la cota del punto A y bajo la hipótesis de que la entrada del Depósito 1 está cerrada y que se mantienen las velocidades de los apartados anteriores en los tramos restantes. Calcular la presión máxima y mínima a la salida de la bomba si se produce un paro de la misma por un corte de suministro eléctrico.

Datos: a (celeridad)= 400 m/s

K=1 y C=1 (Fórmula de Mendiluce)

Figura 126: Esquema del sistema de tuberías de Problema 7.4.

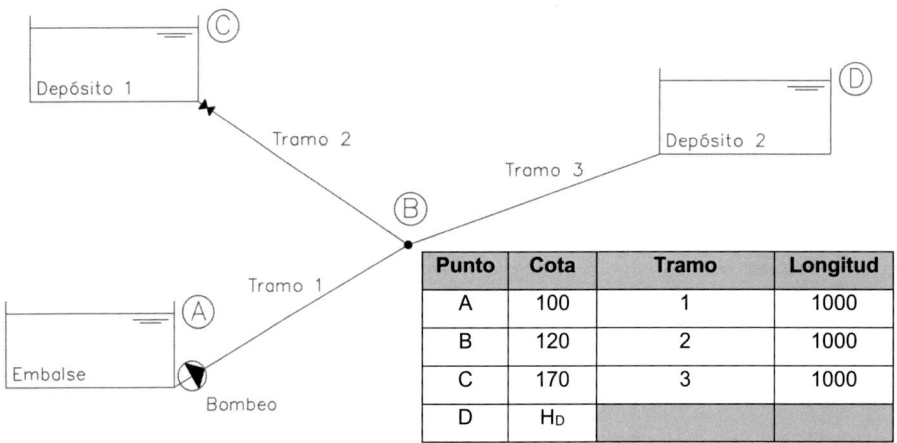

Punto	Cota	Tramo	Longitud
A	100	1	1000
B	120	2	1000
C	170	3	1000
D	H_D		

Empezaremos el problema extrayendo datos del enunciado:

$$Q_2 = 120 \, l/s = 0.12 \, m^3/s$$

$$Q_3 = 100 \, l/s = 0.1 \, m^3/s$$

$$Q_1 = Q_2 + Q_3 = 0.12 + 0.1 = 0.22 \, m^3/s$$

$$n = 0.008 \, m^{-1/3} \cdot s$$

a) Diámetro comercial

Se indica que la velocidad en las tuberías debe ser inferior a 2 m/s, por lo que conocido el caudal podemos obtener el diámetro mínimo para que no se produzca una velocidad mayor a 2 m/s.

$$Q = v \cdot S = v \cdot \pi \cdot \frac{D^2}{4}$$

$$D = \sqrt{\frac{4 \cdot Q}{\pi \cdot v}}$$

Sustituyendo en la ecuación anterior los caudales circulantes por cada una de las tuberías, obtenemos los diámetros de los tres tramos del sistema bajo la condición de que la velocidad de circulación sea inferior a 2 m/s.

$$D_1 = \sqrt{\frac{4 \cdot 0.22}{\pi \cdot 2}} = 0.374 \, m \approx 0.4 \, m$$

$$D_2 = \sqrt{\frac{4 \cdot 0.12}{\pi \cdot 2}} = 0.276 \, m \approx 0.3 \, m$$

$$D_3 = \sqrt{\frac{4 \cdot 0.1}{\pi \cdot 2}} = 0.252 \, m \approx 0.3 \, m$$

b) Altura manométrica

Se pide la altura manométrica que deberá suministrar el grupo de bombeo y cota de la lámina de agua del depósito 2. Para obtener primero la altura manométrica del bombeo, aplicaremos el teorema de Bernoulli entre los puntos A y C.

$$H_A + H_{Bomba} = H_C + \Delta H_A^C$$

$$Z_A + \frac{P_A}{\gamma} + \frac{v_A^2}{2g} + H_{Bomba} = Z_C + \frac{P_C}{\gamma} + \frac{v_C^2}{2g} + \Delta H_A^C$$

En este caso utilizaremos la fórmula de Manning para el cálculo de las pérdidas de carga distribuidas.

$$\Delta H_A^C = \frac{n^2 \cdot v^2}{R_H^{\frac{4}{3}}} \cdot L$$

A continuación, calcularemos el valor del radio hidráulico y de la velocidad de cada una de las tuberías entre los puntos A y C (Tramo 1 y Tramo 2).

$$R_H = \frac{D}{4}$$

$$R_{H_1} = \frac{0.4}{4} = 0.1 \, m$$

$$R_{H_2} = \frac{0.3}{4} = 0.075 \, m$$

$$v = \frac{Q}{\pi \cdot \frac{D^2}{4}}$$

$$v_1 = \frac{0.22}{\pi \cdot \frac{0.4^2}{4}} = 1.75 \, m/s$$

$$v_2 = \frac{0.12}{\pi \cdot \frac{0.3^2}{4}} = 1.7 \, m/s$$

Como puede observarse, las pérdidas de carga distribuidas serán distintas en el tramo 1 y 2, por tanto, el teorema de Bernoulli quedará de la siguiente forma:

$$Z_A + \frac{P_A}{\gamma} + \frac{v_A^2}{2g} + H_{Bomba} = Z_C + \frac{P_C}{\gamma} + \frac{v_C^2}{2g} + \frac{n^2 \cdot v_1^2}{R_{H_1}^{\frac{4}{3}}} \cdot L_1 + \frac{n^2 \cdot v_2^2}{R_{H_2}^{\frac{4}{3}}} \cdot L_2$$

Sustituyendo todos los valores de la expresión anterior y despejando la altura manométrica de la bomba:

$$100 + 0 + \frac{0^2}{2g} + H_{Bomba}$$

$$= 170 + 0 + \frac{0^2}{2g} + \frac{0.008^2 \cdot 1.75^2}{0.1^{\frac{4}{3}}} \cdot 1000 + \frac{0.008^2 \cdot 1.7^2}{0.075^{\frac{4}{3}}} \cdot 1000$$

$$H_{Bomba} = 80.07 \; m.c.a.$$

Por último, calcularemos cota de la lámina de agua del depósito 2. Para ello aplicaremos el teorema de Bernoulli entre los puntos A y D. Al igual que en la resolución anterior tenemos dos tramos (Tramo 1 y Tramo 3), por lo que habrá que dividir las pérdidas de carga distribuidas en dos partes.

$$R_{H3} = \frac{0.3}{4} = 0.075 \; m$$

$$v_3 = \frac{0.1}{\pi \cdot \frac{0.3^2}{4}} = 1.41 \; m/s$$

$$H_A + H_{Bomba} = H_D + \Delta H_A^D$$

$$Z_A + \frac{P_A}{\gamma} + \frac{v_A{}^2}{2g} + H_{Bomba} = Z_D + \frac{P_D}{\gamma} + \frac{v_D{}^2}{2g} + \frac{n^2 \cdot v_1{}^2}{R_{H1}{}^{\frac{4}{3}}} \cdot L_1 + \frac{n^2 \cdot v_3{}^2}{R_{H3}{}^{\frac{4}{3}}} \cdot L_3$$

$$100 + 0 + \frac{0^2}{2g} + 80.07$$

$$= Z_D + 0 + \frac{0^2}{2g} + \frac{0.008^2 \cdot 1.75^2}{0.1^{\frac{4}{3}}} \cdot 1000 + \frac{0.008^2 \cdot 1.41^2}{0.075^{\frac{4}{3}}} \cdot 1000$$

$$Z_D = 171.82 \; m$$

c) **Líneas de energía y presión**

Para dibujar ambas líneas habrá que obtener inicialmente el término cinético de cada tubería:

$$\frac{v_1{}^2}{2g} = \frac{1.75^2}{2g} = 0.16 \; m$$

$$\frac{v_2{}^2}{2g} = \frac{1.7^2}{2g} = 0.15 \; m$$

$$\frac{v_3^2}{2g} = \frac{1.41^2}{2g} = 0.10 \ m$$

De igual forma, habrá que determinar la presión en el punto B, por lo que establecemos la ecuación de Bernoulli entre los puntos A y B:

$$H_A + H_{Bomba} = H_B + \Delta H_A^B$$

$$Z_A + \frac{P_A}{\gamma} + \frac{v_A^2}{2g} + H_{Bomba} = Z_B + \frac{P_B}{\gamma} + \frac{v_B^2}{2g} + \frac{n^2 \cdot v_1^2}{R_{H_1}^{\frac{4}{3}}} \cdot L_1$$

$$100 + 0 + \frac{0^2}{2g} + 80.07 = 120 + \frac{P_B}{\gamma} + 0.16 + \frac{0.008^2 \cdot 1.75^2}{0.1^{\frac{4}{3}}} \cdot 1000$$

$$\frac{P_B}{\gamma} = 55.68 \ mca$$

Figura 127: Esquema de líneas de energía (continua) y de presión (discontinua) de Problema 7.4.

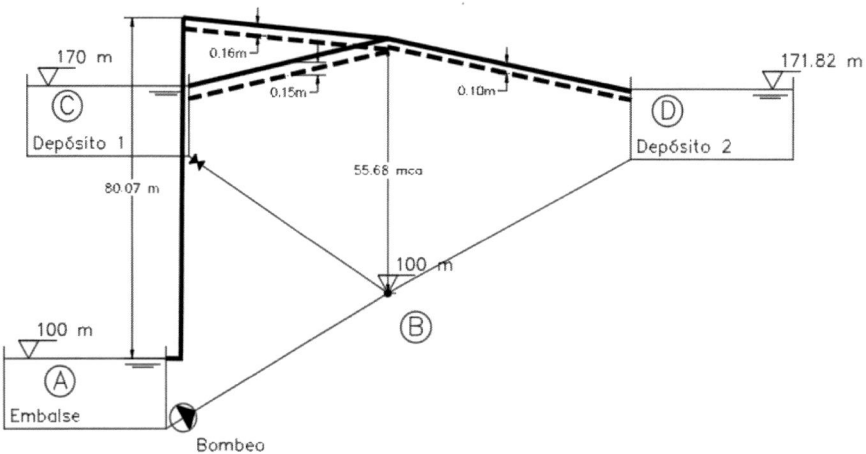

d) **Potencia**

Se pide la potencia necesaria si el rendimiento de la bomba es 75%. Por tanto, aplicaremos la fórmula de la potencia para calcularla.

$$P = \frac{\gamma \cdot Q \cdot H_{Bomba}}{\eta}$$

$$P = \frac{9810 \cdot 0.22 \cdot 80.07}{0.75} = 230409.43\ W = 230.41\ kW$$

e) Golpe de ariete

Tenemos que calcular la presión máxima y mínima a la salida de la bomba si se produce un paro de la misma por un corte de suministro eléctrico. Por tanto, nos encontramos ante un golpe de ariete en tubería de impulsión. En este caso tenemos que calcular en primer lugar el tiempo de cese de la circulación (T), utilizando para ello la fórmula de Mendiluce.

$$T = C + K \cdot \frac{L \cdot v}{g \cdot H_m}$$

Al tener dos tramos con velocidades distintas debemos calcular una media ponderada de la velocidad.

$$v_e = \frac{\sum l_i \cdot v_i}{\sum l_i}$$

$$v_e = 1.58\ m/s$$

Sustituyendo todos los valores de la fórmula de Mendiluce.

$$T = C + K \cdot \frac{L \cdot v}{g \cdot H_m}$$

$$T = 1 + 1 \cdot \frac{2,000 \cdot 1.587}{g \cdot 80.07} = 5.02\ s$$

Conocido el tiempo de cese de la circulación, podemos calcular la longitud crítica (L$_c$) a partir de la cual la sobrepresión del golpe de ariete se desarrolla por completo.

$$L_C = \frac{a \cdot T}{2}$$

$$L_C = \frac{400 \cdot 5.02}{2} = 1,004\ m$$

Como puede observarse, esta longitud critica es menor que la longitud de la tubería (2,000 m). Por tanto, al tratarse de una impulsión larga, la sobrepresión provocada por el golpe de ariete se obtendrá mediante la fórmula de Allievi.

$$\Delta H = \frac{a \cdot V}{g}$$

$$\Delta H = \frac{400 \cdot 1.58}{g} = \pm\, 64.42 \; m.c.a.$$

Para calcular la presión máxima y mínima a la salida de la bomba, debemos conocer la presión que se produce en la bomba bajo la condición de parada de la misma. Para ello, aplicamos el teorema de Bernoulli entre la salida de la bomba y el punto D (Depósito 2).

$$H_{Salida} = H_D + \Delta H_D^{Salida}$$

$$Z_{Salida} + \frac{P_{Salida}}{\gamma} + \frac{v_{Salida}{}^2}{2g} = Z_D + \frac{P_D}{\gamma} + \frac{v_D{}^2}{2g} + \Delta H_D^{Salida}$$

Al no haber velocidad del agua, tanto la energía cinética como las pérdidas de carga distribuidas son iguales a 0.

$$100 + \frac{P_{Salida}}{\gamma} + \frac{0^2}{2g} = 171.83 + 0 + \frac{0^2}{2g} + 0$$

$$\frac{P_{Salida}}{\gamma} = 171.83 - 100 = 71.83 \; m.c.a.$$

Por último, calculamos la presión máxima y mínima a la salida de la bomba aplicándole la sobrepresión provocada por el golpe de ariete.

$$\frac{P_{Salida\,Max}}{\gamma} = 71.83 + 64.42 = 136.25 \; m.c.a.$$

$$\frac{P_{Salida\,Min}}{\gamma} = 71.83 - 64.42 = 7.41 \; m.c.a.$$

Problema 7.5.

Se sabe que en el esquema de abastecimiento siguiente (f=0.019) el nudo D está consumiendo 1 m³/s y tiene una presión de 50 m.c.a. Si la bomba que está junto al depósito A tiene una curva característica que viene dada por la expresión H = 61.29 - 20.95 Q² (H en m y Q en m³/s) y en el punto C hay una pérdida local k=5, determinar:

a) Los caudales que circulan por cada una de las tuberías.
b) La cota del depósito B.
c) Dibujar las líneas de energía y piezométrica del sistema.
d) Cerrando previamente la tubería CD (válvula en C), determinar el golpe de ariete en la instalación si se produce una parada inesperada de la bomba (espesor de las tuberías 7 mm y k=10 en la expresión de la celeridad).

Figura 128: Esquema del sistema de tuberías de Problema 7.5.

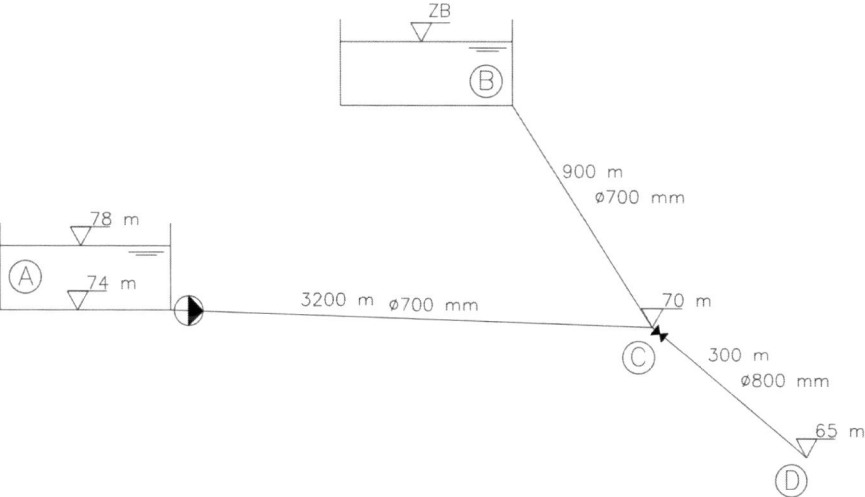

a) Caudales que circulan

Como se conoce la presión y el caudal que se está consumiendo en el punto D, también es conocida la velocidad en el tramo CD, por lo que los cálculos se comenzarán en este tramo, estableciendo la ecuación de la conservación de la energía entre estos dos puntos.

$$H_C = H_D + \Delta H_C^D$$

$$H_C = Z_D + \frac{P_D}{\gamma} + \frac{v_D^2}{2g} + f \cdot \frac{L_{CD}}{D_{CD}} \cdot \frac{v_{CD}^2}{2g} + k \cdot \frac{v_C^2}{2g}$$

Donde f es el factor de fricción en el tramo CD y k es el coeficiente de pérdidas locales en el punto C. La velocidad en el tramo CD se obtiene utilizando la expresión de flujo volumétrico:

$$Q = v \cdot S \rightarrow v = \frac{Q}{S} = \frac{1}{\pi \cdot \dfrac{0.8^2}{4}} = 1.99 \; m/s$$

$$H_C = 65 + 50 + \frac{1.99^2}{2g} + 0.019 \cdot \frac{300}{0.8} \cdot \frac{1.99^2}{2g} + 5 \cdot \frac{1.99^2}{2g}$$

$$H_C = 117.65 \; m$$

Tras conocer la energía en el punto C, procedemos a calcular el caudal en el tramo AC, planteando la ecuación de Bernoulli entre estos dos puntos:

$$H_A + H_{Bomba} = H_C + \Delta H_A^C$$

$$Z_A + \frac{P_A}{\gamma} + \frac{v_A^2}{2g} + H_{Bomba} = H_C + f \cdot \frac{L_{AC}}{D_{AC}} \cdot \frac{v_{AC}^2}{2g}$$

$$78 + \frac{0}{\gamma} + \frac{0^2}{2g} + 61.29 - 20.95 \, Q_{AC}^2 = 117.65 + 0.019 \cdot \frac{3200}{0.7} \cdot \frac{\left(\dfrac{Q_{AC}}{\pi \cdot \dfrac{0.7^2}{4}} \right)^2}{2g}$$

$$21.64 = 50.84 \, Q_{AC}^2$$

$$Q_{AC} = 0.65 \; m^3/s$$

Como el caudal que le llega al punto D es 1 m³/s, por el teorema de conservación de la masa, se debe cumplir que:

$$Q_{AC} + Q_{BC} = Q_{CD} \rightarrow Q_{BC} = Q_{CD} - Q_{AC} = 1 - 0.65 = 0.35 \; m^3/s$$

b) Cota depósito B.

Para conocer la cota del nivel de agua en el depósito B bastará con establecer la ecuación de Bernoulli entre este punto y el punto C:

$$H_B = H_C + \Delta H_B^C$$

$$Z_B + \frac{P_B}{\gamma} + \frac{v_B{}^2}{2g} = H_C + f \cdot \frac{L_{BC}}{D_{BC}} \cdot \frac{v_{BC}^2}{2g}$$

La velocidad del tramo BC se obtiene a partir del caudal calculado anteriormente:

$$v_{BC} = \frac{Q_{BC}}{S_{BC}} = \frac{0.35}{\pi \cdot \frac{0.7^2}{4}} = 0.91 \ m/s$$

$$Z_B + \frac{0}{\gamma} + \frac{0}{2g} = 117.65 + 0.019 \cdot \frac{900}{0.7} \cdot \frac{0.91^2}{2g}$$

$$Z_B = 118.68 \ m$$

c) Líneas de energía y piezométrica del sistema.

Inicialmente obtendremos los términos cinéticos de cada tramo, así como el valor de la pérdida localizada en C y la presión en dicho punto:

$$\frac{v_{CD}^2}{2g} = \frac{1.99^2}{2g} = 0.20 \ m$$

$$\frac{v_{AC}^2}{2g} = \frac{\left(\frac{Q_{AC}}{\pi \cdot D_{AC}^2}\right)^2}{2g} = \frac{\left(\frac{0.65}{\pi \cdot 0.7^2}\right)^2}{2g} = 0.14 \ m$$

$$\frac{v_{BC}^2}{2g} = \frac{0.91^2}{2g} = 0.04 \ m$$

$$\Delta h_C = k \cdot \frac{v_C^2}{2g} = 5 \cdot \frac{1.99^2}{2g} = 1 \ m$$

$$H_C = Z_C + \frac{P_C}{\gamma} + \frac{v_C^2}{2g} = 117.65 \rightarrow \frac{P_C}{\gamma} = 117.65 - 70 - \frac{1.99^2}{2g} = 47.45 \ mca$$

$$H_{Bomba} = 61.29 - 20.95 \ Q_{AC}^2 = 61.29 - 20.95 \cdot 0.65^2 = 52.44 \ mca$$

Con estos datos procedemos a dibujar las líneas de energía y piezométrica:

Figura 129: Esquema de líneas de energía (continua) y de presión (discontinua) de Problema 7.5.

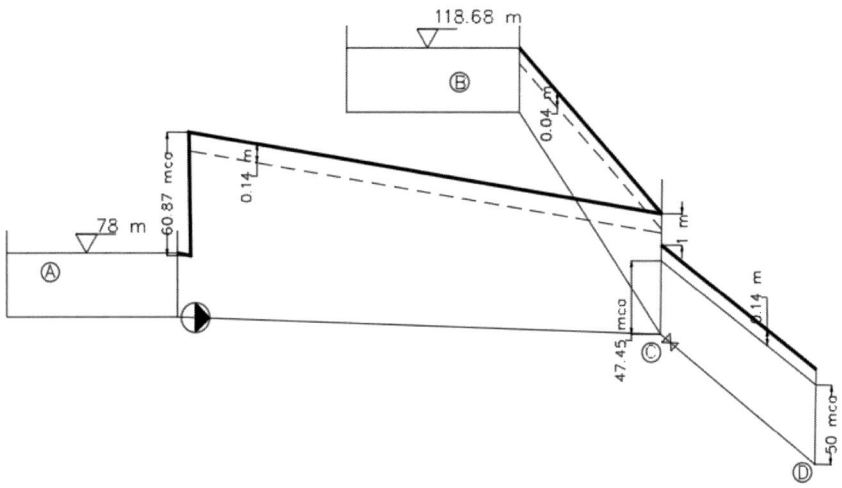

d) **Golpe de ariete en la instalación con parada inesperada de bomba (cerrando C previamente).**

Si cerramos la válvula en C, la tubería CD no transportará ningún caudal y el depósito A alimentará únicamente al depósito B. Por lo tanto, planteamos inicialmente la ecuación de Bernoulli entre A y B para determinar el caudal que se está impulsando y la altura manométrica suministrada por la bomba.

$$H_A + H_{Bomba} = H_B + \Delta H_A^B$$

$$Z_A + \frac{P_A}{\gamma} + \frac{v_A^2}{2g} + H_{Bomba} = Z_B + \frac{P_B}{\gamma} + \frac{v_B^2}{2g} + f \cdot \frac{L_{AB}}{D_{AB}} \cdot \frac{v_{AB}^2}{2g}$$

$$78 + \frac{0}{\gamma} + \frac{0^2}{2g} + 61.29 - 20.95\, Q_{AB}^2$$

$$= 118.68 + \frac{0}{\gamma} + \frac{0^2}{2g} + 0.019 \cdot \frac{4100}{0.7} \cdot \frac{\left(\dfrac{Q_{AB}}{\frac{\pi \cdot 0.7^2}{4}}\right)^2}{2g}$$

$$20.61 = 59.24 \cdot Q_{AB}^2 \rightarrow Q_{AB}^2 = 0.59\, \frac{m^3}{s} \rightarrow v_{AB} = \frac{0.59}{\frac{\pi \cdot 0.7^2}{4}} = 1.53\, m/s$$

$$H_{Bomba} = 61.29 - 20.95\, Q_{AB}^2 = 61.29 - 20.95 \cdot 0.59^2 = 54\, mca$$

Con todos estos datos procedemos a calcular el tiempo de parada de la bomba con el uso de la fórmula de Mendiluce:

$$T = C + \frac{K \cdot L \cdot v}{g \cdot H}$$

Para determinar los parámetros C y K recurrimos a las siguientes gráficas que vienen en función en la longitud de la tubería y la pendiente de esta:

Figura 130: Diagramas de cálculo de C y K para la fórmula de Mendiluce.

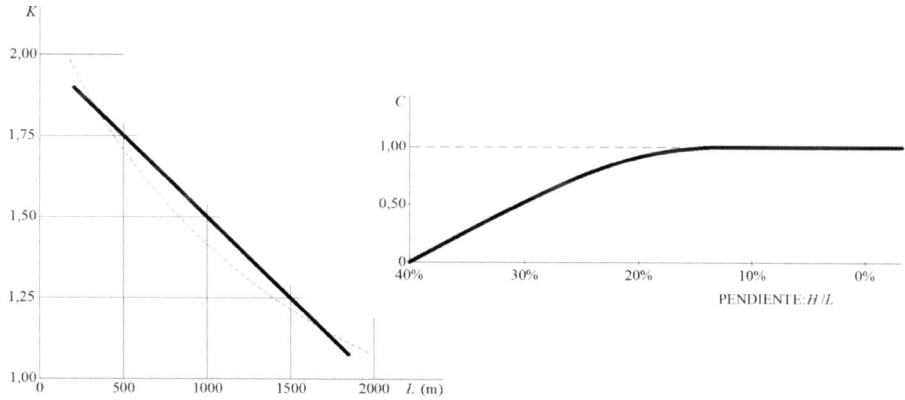

En el caso que nos ocupa la longitud de la tubería es de 4100 m y la pendiente media resulta H/L=(118.68-78)/4100:0.99%, por lo que tanto C=1 y K=1. Sustituimos los valores en la fórmula de Mendiluce:

$$T = C + \frac{K \cdot L \cdot v}{g \cdot H} = 1 + \frac{1 \cdot 4100 \cdot 1.53}{9.81 \cdot 54} = 12.84 \ s$$

Por otro lado, la celeridad se calcula con la siguiente expresión:

$$a = \frac{9900}{\sqrt{48.3 + k \cdot \dfrac{D}{e}}} = \frac{9900}{\sqrt{48.3 + 10 \cdot \dfrac{700}{7}}} = 305.77 \ m/s$$

Por lo que la longitud crítica será:

$$L_c = \frac{a \cdot T}{2} = \frac{305.77 \cdot 12.84}{2} = 1963.04 \ m < 4100 \ m \ \rightarrow Impulsión \ Larga$$

Al resultar una impulsión larga se utiliza la fórmula de Allievi para calcular la sobrepresión-depresión que se producirá en este golpe de ariete:

$$\Delta H = \mp \frac{a \cdot v}{g} = \mp \frac{305.77 \cdot 1.53}{9.81} = \pm 47.69 \; mca$$

Por lo que la máxima y mínima presión a la salida de la bomba vendrá dada por diferencia geométrica entre la cota de la bomba y la lámina de agua del depósito B incrementando o detrayendo el valor obtenido por Allievi:

$$P_{máx} = \Delta z + \Delta H = (118.68 - 74) + 47.69 = 92.37 \; mca$$

$$P_{mín} = \Delta z - \Delta H = (118.68 - 74) - 47.69 = -3.01 \; mca$$

Problema 7.6.

Se dispone inicialmente de una instalación con un solo depósito A que conduce agua hasta D (enlace con la red) a través de una tubería de 800 mm de diámetro. Con el tiempo, el caudal punta ha aumentado hasta 1200 l/s y las presiones en la red resultan insuficientes. Para resolver la situación, se ha pensado en instalar un depósito de compensación B, tal y como indica la figura, y reforzar el trayecto CD con otra tubería de 800 mm (rugosidad absoluta de todas las tuberías 0.25 mm).

a) Calcular la presión en el punto D, en horas punta, antes de la ampliación.

b) Calcular el nivel que ha de tener el depósito B (tras la ampliación) para que en horas punta la presión en D resulte de 45 mca.

c) Si existe una válvula de cierre en la tubería 3 junto al punto C y se cierra por descuido de un operario en 5 s, calcular la máxima y mínima presión que producirá el golpe de ariete asociado (a=1000 m/s).

Figura 131: Esquemas del sistema de tuberías de Problema 7.6.

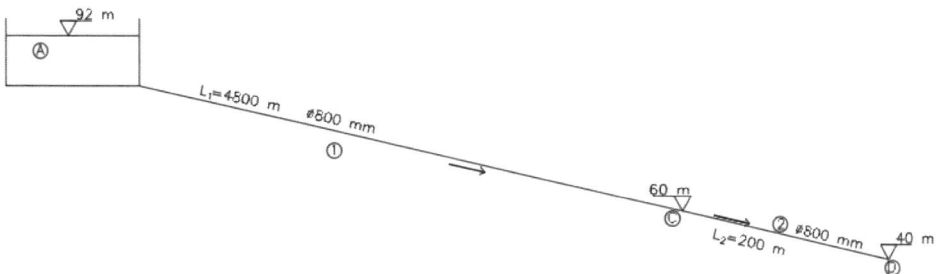

Situación inicial

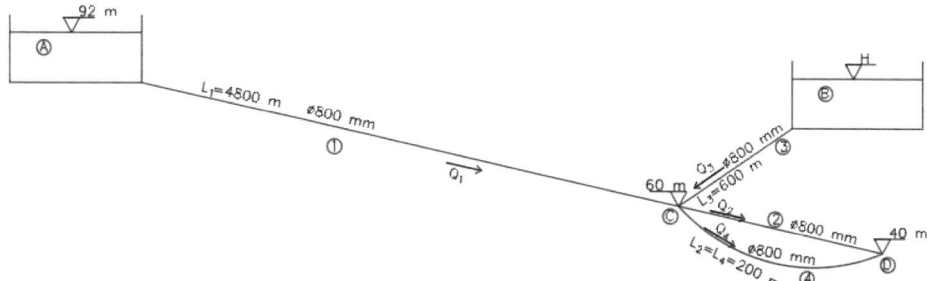

Situación tras la ampliación

a) Presión en punto D en situación inicial

Para determinar la presión en el punto D en horas punta bastará con plantear Bernoulli entre A y D considerando un caudal de 1200 l/s, es decir, 1.2 m³/s.

$$H_A = H_D + \Delta H_A^D$$

$$Z_A + \frac{P_A}{\gamma} + \frac{v_A{}^2}{2g} = Z_D + \frac{P_D}{\gamma} + \frac{v_D{}^2}{2g} + f_{AD} \cdot \frac{L_{AD}}{D_{AD}} \cdot \frac{v_{AD}^2}{2g}$$

$$92 + \frac{0}{\gamma} + \frac{0^2}{2g} = 40 + \frac{P_D}{\gamma} + \frac{v_D{}^2}{2g} + f_{AD} \cdot \frac{5000}{0.8} \cdot \frac{v_{AD}^2}{2g}$$

La velocidad en el tramo AD y la velocidad en D se puede determinar a partir de la ecuación de continuidad:

$$Q = v \cdot S \rightarrow v = \frac{Q}{S} = \frac{1.2}{\pi \cdot \frac{0.8^2}{4}} = 2.39 \ m/s$$

El factor de fricción en el tramo se calcula a partir de la ecuación de Colebrock-White:

$$\frac{1}{\sqrt{f}} = -2 \cdot log\left(\frac{\varepsilon}{3.7 \cdot D} + \frac{2.51}{Re \cdot \sqrt{f}}\right)$$

Donde el número de Reynolds vendría dado por:

$$Re = \frac{v \cdot D}{\vartheta} = \frac{2.39 \cdot 0.8}{10^{-6}} = 1912000$$

Sustituimos en la ecuación de Colebrock-White, para obtener el factor de fricción

$$\frac{1}{\sqrt{f}} = -2 \cdot log\left(\frac{0.25}{3.7 \cdot 800} + \frac{2.51}{1912000 \cdot \sqrt{f}}\right) \rightarrow f = 0.01545$$

Con todos estos datos podemos despejar la presión en el punto D de la ecuación de Bernoulli planteada antes:

$$92 + \frac{0}{\gamma} + \frac{0^2}{2g} = 40 + \frac{P_D}{\gamma} + \frac{2.39^2}{2g} + 0.01545 \cdot \frac{5000}{0.8} \cdot \frac{2.39^2}{2g}$$

$$\frac{P_D}{\gamma} = 23.60 \, mca \rightarrow P_D = 231516 \, Pa = 231.52 \, kPa$$

b) Nivel de depósito B tras la ampliación, si la presión en D es 45 mca

Como ahora se dobla la tubería a partir de C y el caudal que llega a D es el mismo (1200 l/s), el caudal que circulará por ambas tuberías (2 y 4), de C a D, deberá ser 600 l/s, ya que diámetro, longitud y rugosidad de ambas tuberías son los mismos. Calculamos, por tanto, la energía en C planteando Bernoulli entre C y D, por cualquiera de las dos tuberías.

$$H_C = H_D + \Delta H_C^D$$

$$H_C = Z_D + \frac{P_D}{\gamma} + \frac{v_D^2}{2g} + f_{CD} \cdot \frac{L_{CD}}{D_{CD}} \cdot \frac{v_{CD}^2}{2g}$$

Tanto la velocidad en el punto D como en el tramo CD se obtiene, al igual que antes, por la ecuación de continuidad:

$$Q_2 = Q_4 = 0.6 = v \cdot S \rightarrow v = \frac{Q}{S} = \frac{0.6}{\pi \cdot \frac{0.8^2}{4}} = 1.19 \, m/s$$

Asimismo, el factor de fricción se obtendrá mediante la expresión de Colebrock-White y el número de Reynolds:

$$Re = \frac{v \cdot D}{\vartheta} = \frac{1.19 \cdot 0.8}{10^{-6}} = 952000$$

$$\frac{1}{\sqrt{f}} = -2 \cdot log\left(\frac{0.25}{3.7 \cdot 800} + \frac{2.51}{952000 \cdot \sqrt{f}}\right) \rightarrow f = 0.01580$$

Obteniendo, a continuación, el valor de la energía en el punto C:

$$H_C = 40 + 45 + \frac{1.19^2}{2g} + 0.01580 \cdot \frac{200}{0.8} \cdot \frac{1.19^2}{2g} = 85.36 \, mca$$

Por otro lado, el suministro del caudal de 1200 l/s deberá repartirse entre las tuberías 1 y 3, a través de los dos depósitos, sabiendo que:

$$Q_1 + Q_3 = 1.2$$

Dado que en el tramo AC (tubería 1) conocemos todos los parámetros excepto el caudal que circula por ella, planteamos Bernoulli entre ambos puntos, teniendo como incógnita Q_1.

$$H_A = H_C + \Delta H_A^C$$

$$Z_A + \frac{P_A}{\gamma} + \frac{v_A^2}{2g} = H_C + f_{AC} \cdot \frac{L_{AC}}{D_{AC}} \cdot \frac{v_{AC}^2}{2g}$$

$$92 + \frac{0}{\gamma} + \frac{0^2}{2g} = 85.36 + f_{AC} \cdot \frac{4800}{0.8} \cdot \frac{v_{AC}^2}{2g}$$

Debido a que no sabemos el caudal en el tramo AC, tampoco sabemos cuál es el factor de fricción (f_{AC}), por lo que empezaremos a tantear con el valor resultante de considerar RTR:

$$\frac{1}{\sqrt{f}} = -2 \cdot log\left(\frac{0.25}{3.7 \cdot 800}\right) \rightarrow f = 0.01507$$

Con este valor obtenemos la velocidad en el tramo AC y comprobamos si el nuevo factor de fricción resultante de utilizar la fórmula de Colebrock-White es el mismo que el supuesto con RTR:

$$92 = 85.36 + 0.01507 \cdot \frac{4800}{0.8} \cdot \frac{v_{AC}^2}{2g} \rightarrow v_{AC} = 1.20 \, m/s$$

$$Re = \frac{v \cdot D}{\vartheta} = \frac{1.20 \cdot 0.8}{10^{-6}} = 960000$$

$$\frac{1}{\sqrt{f}} = -2 \cdot log\left(\frac{0.25}{3.7 \cdot 800} + \frac{2.51}{960000 \cdot \sqrt{f}}\right) \rightarrow f = 0.01580 \neq 0.01507$$

Como resulta un valor distinto al supuesto inicialmente, procedemos de nuevo a determinar la velocidad en la tubería con este último valor del coeficiente de fricción:

$$92 = 85.36 + 0.01580 \cdot \frac{4800}{0.8} \cdot \frac{v_{AC}^2}{2g} \rightarrow v_{AC} = 1.17 \, m/s$$

Seguidamente repetimos el proceso anterior y calculamos el valor del coeficiente de fricción que resultaría con esta velocidad:

$$Re = \frac{v \cdot D}{\vartheta} = \frac{1.17 \cdot 0.8}{10^{-6}} = 936000$$

$$\frac{1}{\sqrt{f}} = -2 \cdot log\left(\frac{0.25}{3.7 \cdot 800} + \frac{2.51}{936000 \cdot \sqrt{f}}\right) \rightarrow f = 0.01582{\sim}0.01580$$

Consideramos que ambos valores son iguales, por lo que el caudal en la tubería 1 se obtendría con la última velocidad calculada y el caudal en la tubería 3 por la conservación de la masa en el nudo C:

$$Q_1 = v_{AC} \cdot S = 1.17 \cdot \frac{\pi \cdot 0.8^2}{4} = 0.588 \ m^3/s$$

$$Q_1 + Q_3 = 1.2 \rightarrow Q_3 = 1.2 - Q_1 = 1.2 - 0.588 = 0.612 \ m^3/s$$

Sabiendo el caudal que circula por la tubería 3 podemos obtener el factor de fricción asociado:

$$Q_3 = 0.612 = v \cdot S \rightarrow v = \frac{Q}{S} = \frac{0.612}{\pi \cdot \dfrac{0.8^2}{4}} = 1.22 \ m/s$$

$$Re = \frac{v \cdot D}{\vartheta} = \frac{1.22 \cdot 0.8}{10^{-6}} = 976000$$

$$\frac{1}{\sqrt{f}} = -2 \cdot log\left(\frac{0.25}{3.7 \cdot 800} + \frac{2.51}{976000 \cdot \sqrt{f}}\right) \rightarrow f = 0.01579$$

Planteamos a continuación la ecuación de conservación de la energía entre B y C, teniendo como única incógnita la cota del nivel de agua en el depósito B:

$$H_B = H_C + \Delta H_B^C$$

$$Z_B + \frac{P_B}{\gamma} + \frac{v_B^2}{2g} = H_C + f_{BC} \cdot \frac{L_{BC}}{D_{BC}} \cdot \frac{v_{BC}^2}{2g}$$

$$Z_B + \frac{0}{\gamma} + \frac{0^2}{2g} = 85.36 + 0.01579 \cdot \frac{600}{0.8} \cdot \frac{1.22^2}{2g} \rightarrow Z_B = 86.26 \ m$$

c) Golpe de ariete en tubería 1 si cierre válvula C es 5 s

Lo primero que deberemos hacer para seleccionar la formulación que debemos aplicar será comprobar si el cierre es lento o rápido, comparando el tiempo crítico de cierre con el que nos indica en el enunciado:

$$T_C = \frac{2 \cdot L}{a} = \frac{2 \cdot 600}{1000} = 1.2 \, s < 5 \, s \rightarrow Cierre \ lento$$

Con cierre lento utilizamos la fórmula de Micheaud:

$$\Delta H = \frac{2 \cdot L \cdot v}{g \cdot T} = \frac{2 \cdot 600 \cdot 1.22}{9.81 \cdot 5} = 29.85 \, mca$$

Luego las presiones máximas y mínimas se producirán en el punto C sumando y restando este valor, respectivamente, a la diferencia geométrica entre el nivel de agua en del depósito B y la cota del punto C:

$$\frac{P_{máx}}{\gamma} = \Delta z + \Delta H = (86.26 - 60) + 29.85 = 56.11 \, mca \rightarrow P_{máx} = 550.44 \, kPa$$

$$\frac{P_{mín}}{\gamma} = \Delta z + \Delta H = (86.26 - 60) - 29.85 = -3.59 \, mca \rightarrow P_{mín} = -35.22 \, kPa$$

Por un lado, la presión positiva es excesiva para una instalación. Por otro lado, evidentemente, la presión negativa no se podría dar (inferior al vacío), por lo que sería necesaria la instalación de algún calderín que redujera ambos extremos.

CANALES

Problema 8.1.
Determine los elementos geométricos de las siguientes secciones de canales abiertos:

Figura 132: Secciones de canales de Problema 8.1.

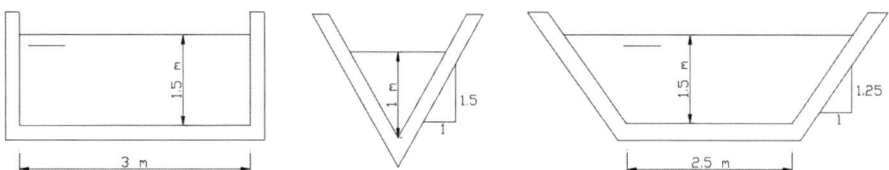

a) **Rectángulo 3 x 1,5 m².**

$$Calado = y = distancia\ base - lámina\ agua =\ 1.5\ m$$

$$Área = A = base \cdot calado =\ 3 \cdot 1.5 = 4.5\ m^2$$

$$Perímetro\ mojado = P = base + 2 \cdot calado =\ 3 + 2 \cdot 1.5 = 6\ m$$

$$Radio\ hidráulico = R_H = \frac{Área}{Perímetro\ mojado} = \frac{A}{P} = \frac{4.5}{6} = 0.75\ m$$

$$Profundidad\ hidráulica = \frac{Área}{Ancho\ en\ superficie} = \frac{A}{b} = \frac{4.5}{3} = 1.5\ m = y$$

b) **Triángulo isósceles talud 1/1.5 (H/V) y 1 m de altura.**

$$Calado = y = distancia\ punto\ más\ bajo - lámina\ agua = 1\ m$$

$$Área = A = \frac{base \cdot calado}{2} = \frac{2 \cdot \frac{1}{1.5} \cdot 1}{2} = \frac{1}{1.5} = 0.67\ m^2$$

Si el talud de las paredes del triángulo es 1/1.5 (H/V), como el calado en este caso es de 1 m, entonces el semiancho de la superficie libre del agua será 1·1/1.5, por semejanza de triángulos:

$$Perímetro\ mojado = P = 2 \cdot hipotenusa\ triángulo = 2 \cdot \sqrt{1^2 + \left(\frac{1}{1.5}\right)^2}$$

$$= \frac{2}{1.5} \sqrt{3.25}\ m = 2.40\ m$$

$$Radio\ hidráulico = R_H = \frac{Área}{Perímetro\ mojado} = \frac{A}{P} = \frac{0.67}{2.40} = 0.28\ m$$

$$Profundidad\ hidráulica = \frac{Área}{Ancho\ en\ superficie} = \frac{A}{b} = \frac{\frac{1}{1.5}}{2 \cdot \frac{1}{1.5}} = 0.5\ m = \frac{y}{2}$$

c) **Trapecio regular de base 2.5 m, talud 1/1.25 (H/V) y 1.5 m de altura.**

$$Calado = y = distancia\ base - lámina\ agua = 1.5\ m$$

$$Área = A = \frac{base\ inferior + base\ superior}{2} \cdot calado$$

$$= \frac{2.5 + \left(2.5 + 2 \cdot \frac{1.5}{1.25}\right)}{2} \cdot 1.5 = 5.55\ m^2$$

$$Perímetro\ mojado = P = base\ inferior + 2 \cdot hipotenusa\ triángulo$$

$$= 2.5 + 2 \cdot \sqrt{1.5^2 + \left(\frac{1.5}{1.25}\right)^2} = 6.34\ m$$

$$Radio\ hidráulico = R_H = \frac{Área}{Perímetro\ mojado} = \frac{A}{P} = \frac{5.55}{6.34} = 0.88\ m$$

$$Profundidad\ hidráulica = \frac{Área}{Ancho\ en\ superficie} = \frac{A}{b} = \frac{5.55}{2 \cdot \frac{1.5}{1.25}} = 2.31\ m = y$$

Problema 8.2.

Se desea conocer el caudal que circula en régimen permanente uniforme por un canal de sección trapezoidal, siendo el ancho en la superficie de 5 m. Para ello se mide el tiempo que tarda una pequeña perturbación en recorrer 400 m en el sentido del movimiento, que es de 40 segundos y en sentido contrario 1 minuto 40 segundos.

Como la perturbación puede remontar hacia aguas arriba, tendremos un régimen lento (Número de Froude menor que 1; F<1), resultando una velocidad de la corriente (v) menor que la velocidad de las ondas de gravedad (c). Esto nos indica que la velocidad de la perturbación hacia aguas abajo será la velocidad de la corriente más la velocidad de las ondas de gravedad (v+c) y la velocidad de la perturbación hacia aguas arriba será la velocidad de las ondas de gravedad menos la velocidad de la corriente (c-v). Con estas dos condiciones y bajo un movimiento rectilíneo uniforme en ambas direcciones, podemos plantear el siguiente sistema de ecuaciones:

$$(c + v) \cdot 40 = 400$$
$$(c - v) \cdot 100 = 400$$

Resultando, por tanto, que:

$$c = 7 \frac{m}{s} \qquad\qquad v = 3 \frac{m}{s}$$

Por otro lado, sabemos que existe que la velocidad de las ondas de gravedad tiene la siguiente expresión:

$$c = \sqrt{g \cdot y_m}$$

Donde g es la aceleración de la gravedad (9.81 m/s^2) e y_m es la profundidad hidráulica. Además, la profundidad hidráulica se define como el cociente del área de la sección hidráulica (A) y el ancho en superficie (b):

$$y_m = \frac{A}{b}$$

Por lo que la velocidad de las ondas de gravedad puede expresarse:

$$c = \sqrt{g \cdot y_m} = \sqrt{g \cdot \frac{A}{b}} \rightarrow A = \frac{c^2 \cdot b}{g} = \frac{7^2 \cdot 5}{9.81} = 24.97 \, m^2$$

Finalmente, para obtener el caudal recurrimos a ecuación de flujo másico con la velocidad media que hemos obtenido previamente:

$$Q = v \cdot A = 3 \cdot 24.97 = 74.91 \frac{m^3}{s}$$

Problema 8.3.

Calcular el caudal que puede transportar un canal de 10 km de longitud siendo:
- 5 m el desnivel existente entre el comienzo y el final y la pendiente uniforme
- su sección rectangular de 2.5 m de anchura y 2 m de calado

a) Obténgase para los tres coeficientes de rugosidad de Manning siguientes:

$n_1 = 0.013$ m$^{-1/3}$·s (hormigón liso)

$n_2 = 0.017$ m$^{-1/3}$·s (hormigón no cuidado)

$n_3 = 0.035$ m$^{-1/3}$·s (roca sin revestir)

b) Dedúzcase la sección en roca que sin variar el calado es capaz de transportar el mismo caudal que la de hormigón.

c) Calcúlese en número de Froude en ambos casos.

a) **Cálculo de caudales.**

El hecho de que el canal tenga 10 km de longitud permite suponer que se alcanza el régimen permanente uniforme y podremos aplicar la fórmula de Manning:

Figura 133: Sección del canal de Problema 8.3.

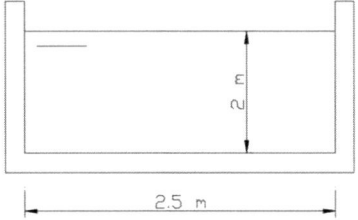

$$Q = A \cdot R_H^{2/3} \cdot \frac{I^{1/2}}{n}$$

Donde A es la sección transversal en m², R_H es el radio hidráulico en m, I es la pendiente de la línea de energía (m/m) y n es el coeficiente de rugosidad de Manning (m$^{-1/3}$·s). En el caso de régimen permanente uniforme la pendiente de la línea de energía (I), la pendiente de la línea de agua y la pendiente del canal (i) son iguales, es decir estas líneas son paralelas y podemos escribir:

$$Q = A \cdot R_H^{2/3} \cdot \frac{i^{1/2}}{n}$$

En el caso que nos ocupa, la pendiente del canal podemos calcularla, ya que tenemos la información de la distancia y el desnivel entre dos puntos del canal:

$$i = \frac{\Delta z}{\Delta L} = \frac{5}{10000} = 0.0005 \ \frac{m}{m}$$

Por lo que tendríamos todos los datos para calcular el caudal bajo cada uno de los coeficientes de rugosidad de los distintos materiales utilizados:

$$Q_1 = A_1 \cdot R_{H_1}^{2/3} \cdot \frac{i_1^{1/2}}{n_1} = (2.5 \cdot 2) \cdot \left(\frac{2.5 \cdot 2}{2.5 + 2 \cdot 2}\right)^{2/3} \cdot \frac{0.0005^{1/2}}{0.013} = 7.22 \ \frac{m^3}{s}$$

$$Q_2 = A_2 \cdot R_{H_2}^{2/3} \cdot \frac{i_2^{1/2}}{n_2} = (2.5 \cdot 2) \cdot \left(\frac{2.5 \cdot 2}{2.5 + 2 \cdot 2}\right)^{2/3} \cdot \frac{0.0005^{1/2}}{0.017} = 5.52 \ \frac{m^3}{s}$$

$$Q_3 = A_3 \cdot R_{H_3}^{2/3} \cdot \frac{i_3^{1/2}}{n_3} = (2.5 \cdot 2) \cdot \left(\frac{2.5 \cdot 2}{2.5 + 2 \cdot 2}\right)^{2/3} \cdot \frac{0.0005^{1/2}}{0.035} = 2.68 \ \frac{m^3}{s}$$

b) Sección en roca con igual calado y caudal que la de hormigón.

En este caso, se determinará el ancho necesario para que con un canal excavado en roca y con un calado de 2 m pueda transportar un caudal de 7.22 m³/s. Aplicamos de nuevo la ecuación de Manning considerando que I=i:

$$Q_4 = A_4 \cdot R_{H_4}^{2/3} \cdot \frac{i_4^{1/2}}{n_4} = 7.22 = (b_4 \cdot 2) \cdot \left(\frac{b_4 \cdot 2}{b_4 + 2 \cdot 2}\right)^{\frac{2}{3}} \cdot \frac{0.0005^{1/2}}{0.035} \rightarrow b_4 = 5.20 \ m$$

c) Número de Froude.

El número de Froude se calcula según la siguiente expresión:

$$F = \frac{v}{\sqrt{g \cdot y_m}}$$

Donde v es la velocidad media de la sección, g es la gravedad de la Tierra (9.81 m/s²) e y_m es la profundidad hidráulica. En el caso de un canal rectangular, la profundidad hidráulica coincide con el calado, por lo que el número de Froude en ambos casos quedaría:

$$F_1 = \frac{v_1}{\sqrt{g \cdot y_{m1}}} = \frac{\frac{Q_1}{A_1}}{\sqrt{g \cdot y_1}} = \frac{\frac{7.22}{2.5 \cdot 2}}{\sqrt{9.81 \cdot 2}} = \frac{1.44}{4.43} = 0.32$$

$$F_4 = \frac{v_4}{\sqrt{g \cdot y_{m4}}} = \frac{\dfrac{Q_4}{A_4}}{\sqrt{g \cdot y_4}} = \frac{\dfrac{7.22}{5.20 \cdot 2}}{\sqrt{9.81 \cdot 2}} = \frac{1.19}{4.43} = 0.1567$$

En ambos casos los números de Froude son menores que 1, por lo que son regímenes lento.

Problema 8.4.

Por una alcantarilla circular de 2 m de diámetro y n=0.015 m$^{-1/3}$·s y pendiente 0.0001 circula agua con un calado de 1 m. Calcular el caudal, la velocidad y el tipo de régimen. Determinar asímismo el caudal máximo y el caudal a sección llena.

Para calcular el caudal, bastará con emplear la formulación de Manning, suponiendo régimen permanente uniforme y, por tanto, paralelismo entre las pendientes de la línea de energía y la de la solera de la tubería (I=i):

Figura 134: Sección del canal de Problema 8.4.

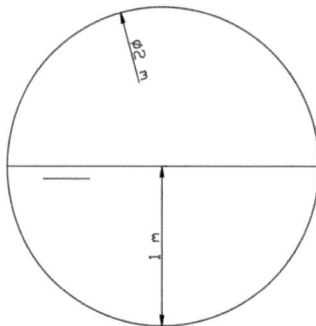

$$Q = A \cdot R_H^{2/3} \cdot \frac{I^{1/2}}{n} = A \cdot R_H^{2/3} \cdot \frac{i^{1/2}}{n} = \left(\pi \cdot \frac{D^2}{4} \over 2 \right) \cdot \left(\frac{\pi \cdot \frac{D^2}{4}}{2} \over \frac{\pi \cdot D}{2} \right)^{2/3} \cdot \frac{i^{1/2}}{n}$$

$$= \left(\pi \cdot \frac{2^2}{4} \over 2 \right) \cdot \left(\frac{\pi \cdot \frac{2^2}{4}}{2} \over \frac{\pi \cdot 2}{2} \right)^{2/3} \cdot \frac{0.0001^{1/2}}{0.015} = 0.66 \, \frac{m^3}{s}$$

Para calcular la velocidad simplemente habrá que dividir el caudal entre la sección:

$$v = \frac{Q}{A} = \frac{0.66}{\frac{\pi \cdot \frac{2^2}{4}}{2}} = 0.42 \, \frac{m}{s}$$

Finalmente, el tipo de régimen se obtendrá a partir del número de Froude:

$$F = \frac{v}{\sqrt{g \cdot y_m}} = \frac{0.42}{\sqrt{9.81 \cdot \dfrac{\pi \cdot \dfrac{2^2}{4}}{\dfrac{2}{2}}}} = 0.1513$$

Como el número de Froude es menor que 1, el régimen es lento o subcrítico.

El caudal a sección llena se determina por la fórmula de Manning:

$$Q = A \cdot R_H^{2/3} \cdot \frac{i^{1/2}}{n} = \left(\pi \cdot \frac{D^2}{4} \right) \cdot \left(\frac{\pi \cdot \dfrac{D^2}{4}}{\pi \cdot D} \right)^{2/3} \cdot \frac{i^{1/2}}{n}$$

$$= \left(\pi \cdot \frac{2^2}{4} \right) \cdot \left(\frac{\pi \cdot \dfrac{2^2}{4}}{\pi \cdot 2} \right)^{2/3} \cdot \frac{0.0001^{1/2}}{0.015} = 1.32 \, \frac{m^3}{s}$$

Por otro lado, el máximo caudal que puede llevar una sección circular es de 1.076 veces el caudal a sección llena y se alcanza a un calado de 0.94·D, luego en el caso que nos ocupa, el caudal máximo que podría transportar esta tubería sería de:

$$Q_{máximo} = 1.076 \cdot Q_{lleno} = 1.076 \cdot 1.32 = 1.42 \, \frac{m^3}{s}$$

Que se alcanzará con un calado de y = 0.94·2 = 1.88 m

Problema 8.5.

Para un canal rectangular de ancho 6 m y n de Manning 0.02 m$^{-1/3}$·s, se pide:

a) para y = 1 m y Q = 11 m^3/s, calcular la pendiente normal y la fuerza de tracción que ejerce el agua sobre las paredes del canal por metro lineal de éste.

b) Hallar la pendiente crítica y el calado crítico, para un caudal Q = 11 m^3/s.

c) Encontrar la pendiente crítica y el caudal correspondiente para y = 1 m.

a) Pendiente normal y fuerza de tracción.

La pendiente normal es aquella que alcanza el régimen permanente uniforme (I=i) para un calado dado. Esto permite que se pueda utilizar la ecuación de Manning:

$$Q = A \cdot R_H^{2/3} \cdot \frac{I^{1/2}}{n} = A \cdot R_H^{2/3} \cdot \frac{i^{1/2}}{n} = 11$$

$$11 = (6 \cdot 1) \cdot \left(\frac{6 \cdot 1}{6 + 2 \cdot 1}\right)^{2/3} \cdot \frac{i^{1/2}}{0.02} \rightarrow i = 0.001973 \, \frac{m}{m}$$

La fuerza de tracción se obtendrá a partir de la tensión tangencial aplicada en toda la superficie de contacto, definida como el perímetro mojado en un ancho unidad:

$$F = \tau \cdot A = \gamma \cdot R_H \cdot i \cdot A = 9810 \cdot \left(\frac{6 \cdot 1}{6 + 2 \cdot 1}\right) \cdot 0.001973 \cdot [(6 + 2 \cdot 1) \cdot 1]$$
$$= 116.13 \, N/m$$

b) Pendiente y calados críticos.

El calado crítico (y$_c$) se obtiene cuando el número de Froude es igual a 1, por lo que:

$$F = \frac{v}{\sqrt{g \cdot y_m}} = 1$$

En el caso de un canal rectangular, la profundidad hidráulica (y$_m$) es igual al calado (y), por lo que quedaría:

$$1 = \frac{v_c}{\sqrt{g \cdot y_c}} = \frac{\frac{Q}{A_c}}{\sqrt{g \cdot y_c}} = \frac{\frac{11}{6 \cdot y_c}}{\sqrt{9.81 \cdot y_c}} = 1 \rightarrow y_c = 0.70 \, m$$

La pendiente crítica será aquella que produce un régimen permanente uniforme (I=i) para el calado crítico (y_c), por lo que se puede aplicar la ecuación de Manning teniendo como incógnita la pendiente:

$$Q = A \cdot R_H^{2/3} \cdot \frac{i^{1/2}}{n} = 11$$

$$11 = (6 \cdot 0.70) \cdot \left(\frac{6 \cdot 0.70}{6 + 2 \cdot 0.70}\right)^{\frac{2}{3}} \cdot \frac{i^{1/2}}{0.02} \rightarrow i = 0.005839 \frac{m}{m}$$

c) **Encontrar la pendiente crítica y el caudal correspondiente para y = 1 m.**

En este apartado, por el contrario, se indica cual es el calado crítico y se pide el caudal, el cual se puede obtener haciendo, de nuevo, el número de Froude igual a 1:

$$F = 1 = \frac{v_c}{\sqrt{g \cdot y_c}} = \frac{\frac{Q}{A_c}}{\sqrt{g \cdot y_c}} = \frac{\frac{Q}{6 \cdot 1}}{\sqrt{9.81 \cdot 1}} = 1 \rightarrow Q = 18.79 \frac{m^3}{s}$$

Para calcular la pendiente crítica, se recurre a la fórmula de Manning suponiendo un régimen permanente uniforme para el $y_c=1$ y un caudal de 18.79 m³/s:

$$Q = A \cdot R_H^{2/3} \cdot \frac{i^{1/2}}{n} = 18.79$$

$$18.79 = (6 \cdot 1) \cdot \left(\frac{6 \cdot 1}{6 + 2 \cdot 1}\right)^{\frac{2}{3}} \cdot \frac{i^{1/2}}{0.02} \rightarrow i = 0.005757 \frac{m}{m}$$

Problema 8.6.

Por un canal de sección trapecial (ancho de la base = 2 m y taludes 2/1-H/V) y pendiente 0.0001, de longitud indefinida a efectos hidráulicos, circulan 30 m³/s. En cierta sección se produce una transición a una canal rectangular de 3 m de ancho y pendiente 0.01. Si el número de Manning es de 0.015:

a) ¿En cuál de las dos secciones se producirá el calado crítico?

b) Dibujar el croquis de la lámina de agua y las curvas de energía específica.

Figura 135: Planta y sección del canal de Problema 8.6.

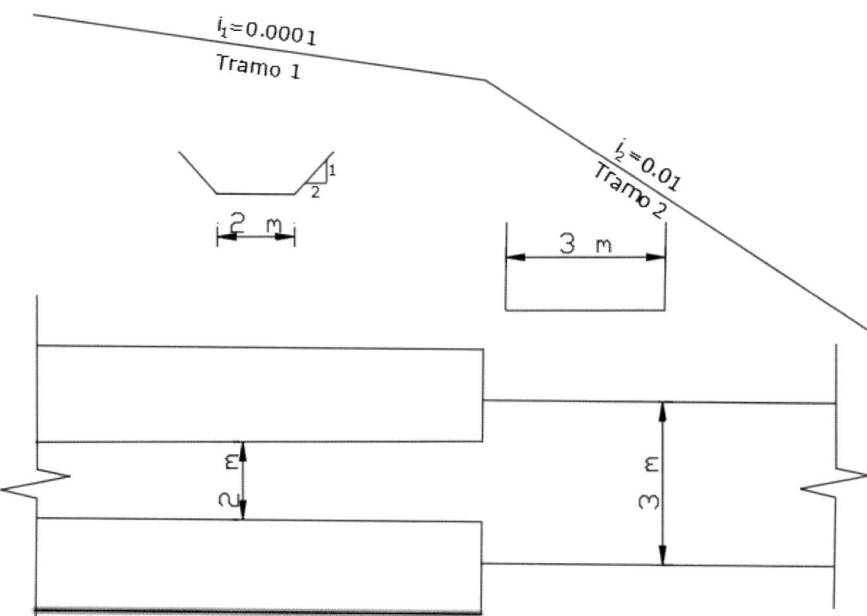

a) Sección del calado crítico.

En primer lugar, determinaremos, para cada sección su calado normal y su calado crítico para determinar el tipo de pendiente y régimen asociado. Para calcular el calado normal, se utilizará la fórmula de Manning considerando un régimen permanente uniforme (I=i). Para calcular el calado crítico se igualará el número de Froude a 1.

Tramo 1: canal trapezoidal

1.1. Calado Normal

$$Q_1 = A_1 \cdot R_{H_1}^{2/3} \cdot \frac{I_1^{1/2}}{n_1} = A_1 \cdot R_{H_1}^{2/3} \cdot \frac{i_1^{1/2}}{n_1} = 30$$

226

$$30 = \frac{(2 + 2 + 2 \cdot 2 \cdot y_{n_1}) \cdot y_{n_1}}{2} \cdot \left[\frac{\frac{(2 + 2 + 2 \cdot 2 \cdot y_{n_1}) \cdot y_{n_1}}{2}}{2 + 2 \cdot \sqrt{y_{n_1}{}^2 + (2 \cdot y_{n_1})^2}} \right]^{2/3} \cdot \frac{0.0001^{1/2}}{0.015} = 30$$

$$\rightarrow \quad y_{n_1} = 3.4569 \ m$$

1.2. Calado Crítico

$$F_1 = \frac{v_1}{\sqrt{g \cdot y_{m_1}}} = 1 = \frac{v_{c1}}{\sqrt{g \cdot y_{mc1}}} = \frac{\frac{Q}{A_{c1}}}{\sqrt{g \cdot \frac{A_{c1}}{b_{c1}}}} = \frac{\frac{30}{\frac{(2 + 2 + 2 \cdot 2 \cdot y_{c_1}) \cdot y_{c_1}}{2}}}{\sqrt{9.81 \cdot \frac{\frac{(2 + 2 + 2 \cdot 2 \cdot y_{c_1}) \cdot y_{c_1}}{2}}{2 + 2 \cdot 2 \cdot y_{c_1}}}}$$

$$= 1$$

$$y_{c_1} = 0.85 \ m$$

Como $y_{n1} > y_{c1}$, entonces estamos ante una pendiente suave, resultando un régimen lento en condiciones de régimen permanente uniforme con el caudal dado.

Tramo 2: canal rectangular

2.1. Calado Normal

$$Q_2 = A_2 \cdot R_{H_2}^{2/3} \cdot \frac{I_2^{1/2}}{n_2} = A_2 \cdot R_{H_2}^{2/3} \cdot \frac{i_2^{1/2}}{n_2} = 30$$

$$30 = (3 \cdot y_{n_2}) \cdot \left[\frac{3 \cdot y_{n_2}}{3 + 2 \cdot y_{n_2}} \right]^{\frac{2}{3}} \cdot \frac{0.01^{\frac{1}{2}}}{0.015} = 30 \quad \rightarrow \quad y_{n_1} = 1.7343 \ m$$

2.2. Calado Crítico

$$F_2 = \frac{v_2}{\sqrt{g \cdot y_{m_2}}} = 1 = \frac{v_{c2}}{\sqrt{g \cdot y_{mc2}}} = \frac{\frac{Q}{A_{c2}}}{\sqrt{g \cdot y_{c_2}}} = \frac{\frac{30}{3 \cdot y_{c_2}}}{\sqrt{9.81 \cdot y_{c_2}}} = 1 \quad \rightarrow \quad y_{c_2}$$

$$= 2.1683 \ m$$

Como $y_{n2} < y_{c2}$, entonces estamos ante una pendiente fuerte, resultando un régimen rápido en condiciones de régimen permanente uniforme con el caudal dado.

Tal y como hemos comprobado, pasamos de una pendiente suave a una pendiente fuerte, por lo que se tendrá que dar el calado crítico al pasar de un régimen lento a un régimen rápido. Para determinar en cuáles de las dos secciones se produce el calado crítico, habrá que calcular la energía específica crítica de ambas secciones para el caudal de diseño.

$$H_{0c_1} = y_{c_1} + \frac{v_{c_1}^2}{2g} = y_{c_1} + \frac{\left(\frac{Q}{A_{c_1}}\right)^2}{2g} = 0.85 + \frac{\left[\frac{30}{\frac{(2 + 2 + 2 \cdot 2 \cdot 0.85) \cdot 0.85}{2}}\right]^2}{2g}$$

$$= 1.72 + \frac{3.21^2}{2g} = 5.48 \ m$$

$$H_{0c_2} = y_{c_2} + \frac{v_{c_2}^2}{2g} = y_{c_1} + \frac{y_{c_2}}{2} = \frac{3}{2} \cdot y_{c_2} = \frac{3}{2} \cdot 2.17 = 3.25 \ m$$

Como la energía específica crítica del tramo rectangular es mayor que la del tramo trapezoidal, se producirá el calado crítico del rectangular (segundo tramo):

$$y_{c_2} = 2.1683 \ m$$

b) Croquis de la lámina de agua y curvas de energía específica.

Al considerarse que la longitud de ambos tramos es infinita a efectos hidráulicos, se producirá el calado normal en algún momento tanto aguas arriba como aguas abajo del cambio de sección, donde tenemos una sección de control determinada por el calado crítico del canal rectangular, como hemos justificado en el apartado anterior. Para conocer el calado en el canal trapezoidal en el cambio de sección bastará con igualar la energía del canal, es decir entre las secciones 1 y 2:

Figura 136: Localización de calado crítico del canal de Problema 8.6.

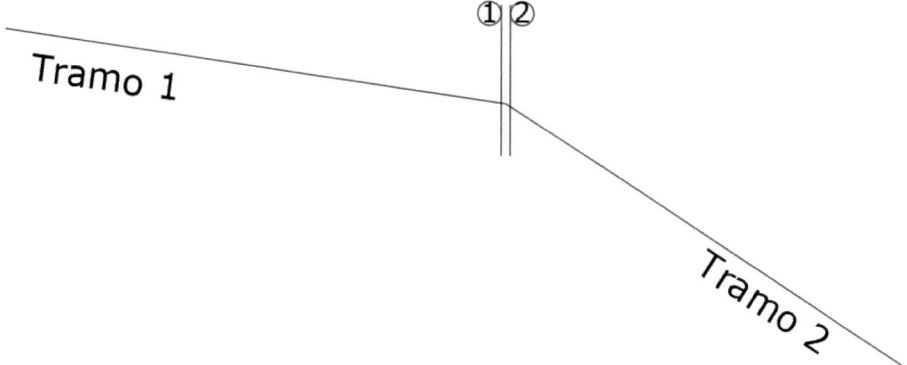

$$H_1 = H_2 + \Delta h_1^2$$

$$z_1 + y_1 + \frac{v_1^2}{2g} = z_2 + y_2 + \frac{v_2^2}{2g} + \Delta h_1^2$$

En el caso que nos ocupa, las secciones 1 (trapezoidal) y 2 (rectangular) están infinitamente próximas, luego la cota de la solera en ambos casos será igual ($z_1 = z_2$) y la pérdida de carga se supondrá despreciable ($\Delta h_1^2 = 0$). Por otro lado, la sección 2 coincide con el calado crítico de la sección rectangular, por lo que resulta:

$$\cancel{z_1} + y_1 + \frac{v_1^2}{2g} = \cancel{z_2} + y_{c2} + \frac{v_{c2}^2}{2g} + \cancel{\Delta h_1^2}$$

$$y_1 + \frac{\dfrac{Q^2}{A_1^2}}{2g} = y_{c2} + \frac{v_{c2}^2}{2g} = H_{0c_2} = 3.25$$

$$y_1 + \frac{\left(\dfrac{\dfrac{30}{(2 + 2 + 2 \cdot 2 \cdot y_1) \cdot y_1}}{2}\right)^2}{2g} = 3.25 \quad \rightarrow \quad y_1 = \begin{matrix} 3.246\ m \\ 0.365\ m \end{matrix}$$

De las dos soluciones positivas de la anterior ecuación, la primera (3.246 m) correspondería a un régimen lento y la segunda (0.365 m) a un régimen rápido, por ser mayor y menor, respectivamente, al calado crítico del primer tramo ($y_{c_1} = 1.7177\ m$). Como venimos de un régimen lento y tratamos de pasar al segundo tramo que impone la condición de contorno de su calado crítico, el calado que se producirá en el canal trapezoidal en la sección 1 será el calado lento $y_1 = 3.246$ m, quedando el croquis de la lámina de agua como recoge la Fig. 137.

La curva de remanso que une el calado normal en el tramo 1 (y_{n1}) con el calado en la sección 1 (y_1) es una M2 por producirse en una pendiente suave y estar formada por calados entre el calado normal (3.46 m) y el crítico (1.72 m). En el caso del segundo tramo, la curva de remanso que une el calado crítico (y_{c2}) con el calado normal (y_{n2}) se corresponde con una tipo S2 por encontrarse en una pendiente fuerte y tener los calados comprendidos entre el calado crítico (2.17 m) y el normal (1.73 m). El paso del calado $y_1 = 3.25$ m a $y_{c2} = 2.17$ m se realiza mediante un flujo rápidamente variado (F.R.V.). Las longitudes infinitas de los tramos permiten suponer que aguas arriba del $y_{n1} = 3.46$ m y aguas abajo del $y_{n2} = 1.73$ m nos encontramos con regímenes permanentes uniformes (R.P.U.).

Figura 137: Croquis de la lámina de agua del canal de Problema 8.6.

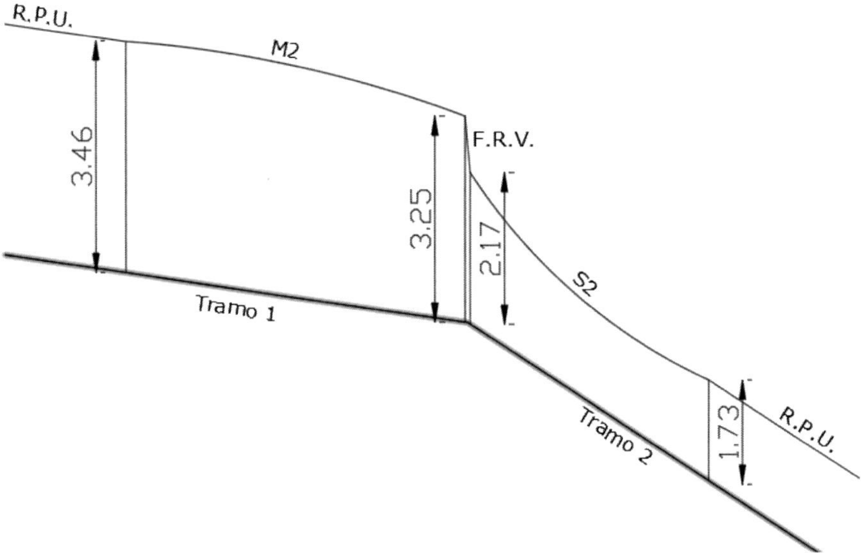

Para dibujar las curvas de energía específica de ambos tramos, calcularemos las energías específicas de los regímenes uniformes (calados normales):

$$H_{0n_1} = y_{n_1} + \frac{v_{n_1}^2}{2g} = y_{n_1} + \frac{\frac{Q^2}{A_{n_1}^2}}{2g} = 3.46 + \frac{\frac{30^2}{\left(\frac{(2 + 2 + 2 \cdot 2 \cdot 1.72) \cdot 1.72}{2}\right)^2}}{2g}$$

$$= 3.46 + \frac{0.97^2}{2g} = 3.51 \ m$$

$$H_{0n_2} = y_{n_2} + \frac{v_{n_2}^2}{2g} = y_{n_2} + \frac{\frac{Q^2}{A_{n_2}^2}}{2g} = 1.73 + \frac{\left(\frac{30}{3 \cdot 1.73}\right)^2}{2g} = 1.73 + \frac{5.77^2}{2g} = 3.43 \ m$$

Figura 138: Curva de energía específica del canal de Problema 8.6.

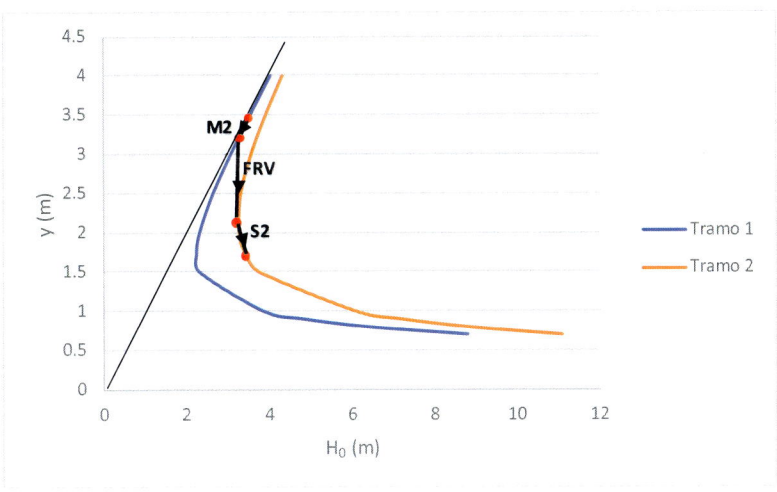

Problema 8.7.

Un canal trapezoidal de base 5 m y taludes de los cajeros 1:1 y con n=0.015 m$^{-1/3}$·s parte de un embalse cuyo nivel sobre la solera del canal es de 3 m. Suponiendo que se trata de un canal largo, calcular el caudal desaguado por el canal en los siguientes casos:

a) La pendiente de la solera del canal es de 0.0002
b) La pendiente de la solera del canal es de 0.03

a) Caudal si pendiente es de 0.0002

Figura 139: Sección y perfil longitudinal del canal de Problema 8.7.

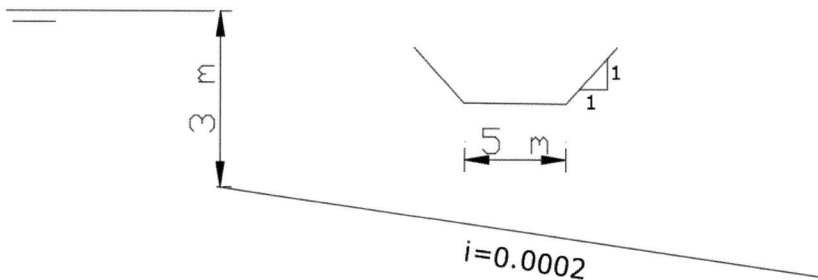

Inicialmente, habrá que suponer qué tipo de pendiente es la que tiene el canal con respecto al caudal que transportará para calcular cuál es el calado a la salida del canal desde el depósito. En este caso, ya que la pendiente es de 0.0002, supondremos que la pendiente es suave, cuestión que tendremos que comprobar al finalizar el ejercicio. A continuación, plantearemos igualdad de energías entre dos secciones infinitamente próximas, una en el arranque del canal y otra dentro del depósito:

$$H_1 = H_2 + \Delta h_1^2$$

$$z_1 + y_1 + \frac{v_1^2}{2g} = z_2 + y_2 + \frac{v_2^2}{2g} + \Delta h_1^2$$

232

Figura 140: Localización de secciones para igulación de energías de Problema 8.7.

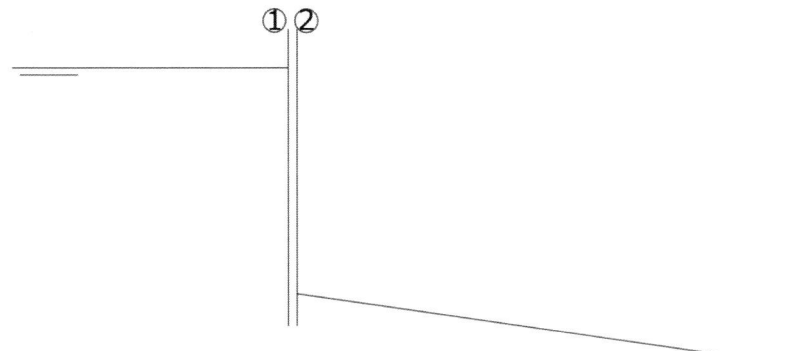

Tomamos como referencia de cotas la solera del canal a la salida del depósito (sección 2), por lo que $z_1 = z_2 = 0$. Por otro lado, el calado en la sección 1 (depósito) será 3 m, su velocidad es nula y, además, la pérdida de carga se supondrá despreciable ($\Delta h_1^2 = 0$), por lo que resulta:

$$\cancel{z_1} + 3 + \cancel{\frac{v_1^2}{2g}} = \cancel{z_2} + y_2 + \frac{v_2^2}{2g} + \cancel{\Delta h_1^2}$$

$$3 = y_2 + \frac{v_2^2}{2g} = y_2 + \frac{\dfrac{Q^2}{A_2^2}}{2g} = y_2 + \frac{\dfrac{Q^2}{\left(\dfrac{(5+5+2\cdot y_2)}{2}\cdot y_2\right)^2}}{2g} = 3$$

Por otro lado, como pasamos de una situación en la que el agua no se mueve (depósito) a otra en la que suponemos que la pendiente es suave, luego el régimen es lento en permanente uniforme, siempre condicionaría el calado de aguas abajo sobre el depósito, por lo que al inicio del canal tendríamos el calado normal, es decir $y_2 = y_n$. Bajo la hipótesis inicial (pendiente suave) el régimen permanente uniforme arrancaría al principio del canal, luego podríamos aplicar la fórmula de Manning en el calado y_2:

$$Q = A_2 \cdot R_{H_2}^{2/3} \cdot \frac{i_2^{1/2}}{n_2} = \left(\frac{(5+5+2\cdot y_2)}{2}\cdot y_2\right) \cdot \left[\frac{\left(\dfrac{(5+5+2\cdot y_2)}{2}\cdot y_2\right)}{5+2\cdot\sqrt{y_2^2+y_2^2}}\right]^{2/3} \frac{0.0002^{1/2}}{0.015}$$

La expresión del caudal según la ecuación de Manning la sustituimos en la anterior ecuación de conservación de la energía resultando:

$$\frac{\left\{\left(\frac{(5+5+2\cdot y_2)}{2}\cdot y_2\right)\cdot\left[\frac{\frac{(5+5+2\cdot y_2)}{2}\cdot y_2}{5+2\cdot\sqrt{y_2^2+y_2^2}}\right]^{2/3}\frac{0.0002^{1/2}}{0.015}\right\}^2}{\left(\frac{(5+5+2\cdot y_2)}{2}\cdot y_2\right)^2}$$

$$y_2+\frac{\left(\frac{(5+5+2\cdot y_2)}{2}\cdot y_2\right)^2}{2g}=3$$

$$\rightarrow\quad y_2=2.9054\ m$$

Y el caudal se obtendría sustituyendo el valor de este calado en la fórmula de Manning:

$$Q=\left(\frac{(5+5+2\cdot 2.905)}{2}\cdot 2.905\right)\cdot\left[\frac{\frac{(5+5+2\cdot 2.905)}{2}\cdot y_2}{5+2\cdot 2.905\sqrt{2}}\right]^{2/3}\frac{0.0002^{1/2}}{0.015}$$

$$=31.3\ \frac{m^3}{s}$$

Quedaría por comprobar la hipótesis que habíamos realizado inicialmente, es decir que la pendiente es suave, para lo cual calcularemos el número de Froude para el calado normal obtenido.

$$F_2=\frac{v_2}{\sqrt{g\cdot y_{m_2}}}=\frac{\frac{Q}{A_2}}{\sqrt{g\cdot\frac{A_2}{b_2}}}=\frac{\frac{31.3}{\frac{(5+5+2\cdot 2.905)}{2}\cdot 2.905}}{\sqrt{9.81\cdot\frac{\frac{(5+5+2\cdot 2.905)}{2}\cdot 2.905}{5+2\cdot 2.905}}}=\frac{1.1820}{\sqrt{9.81\cdot\frac{22.97}{10.81}}}$$

$$=0.2985$$

Se comprueba que F_2 =0.2985 <1, por lo tanto, el régimen permanente uniforme resultante es un régimen lento y la Pendiente es Suave.

b) Caudal si pendiente es de 0.03

Al ser ahora la pendiente un 3%, se partirá de la hipótesis de que la pendiente es fuerte. En este caso, al pasar de un depósito a un canal con pendiente fuerte, se producirá el calado crítico al inicio del canal. De igual forma al caso anterior, plantearemos la ecuación de conservación de energía entre las secciones 1 y 2, sabiendo ahora que en la sección 2, al inicio del canal, se va a producir el calado crítico.

Figura 141: Localización de secciones para igulación de energías de Problema 8.7.

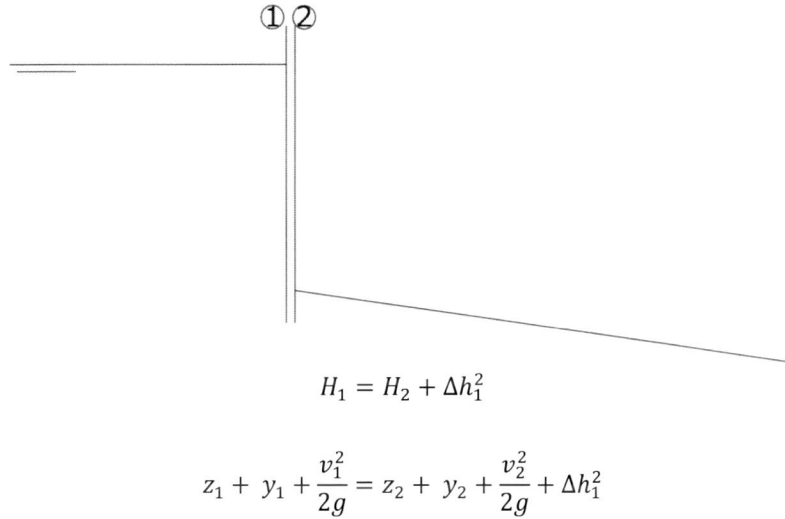

$$H_1 = H_2 + \Delta h_1^2$$

$$z_1 + y_1 + \frac{v_1^2}{2g} = z_2 + y_2 + \frac{v_2^2}{2g} + \Delta h_1^2$$

Al igual que el apartado anterior $z_1=z_2=0$, el calado en la sección 1 (depósito) será 3 m, su velocidad es nula y, además, la pérdida de carga se supondrá despreciable ($\Delta h_1^2 = 0$), por lo que resulta:

$$\cancel{z_1} + 3 + \cancel{\frac{v_1^2}{2g}} = \cancel{z_2} + y_2 + \frac{v_2^2}{2g} + \cancel{\Delta h_1^2}$$

$$3 = y_{c2} + \frac{v_{c2}^2}{2g}$$

Al saber que el calado en la sección es crítico, se cumplirá que su número de Froude es 1:

$$F_2 = \frac{v_2}{\sqrt{g \cdot y_{m_2}}} = 1 = \frac{v_{c2}}{\sqrt{g \cdot y_{mc2}}} = \frac{v_{c2}}{\sqrt{g \cdot \dfrac{A_{c2}}{b_{c2}}}} = \frac{v_{c2}}{\sqrt{9.81 \cdot \dfrac{\dfrac{(5 + 5 + 2 \cdot y_{c2})}{2} \cdot y_{c2}}{5 + 2 \cdot y_{c2}}}} = 1$$

$$\rightarrow v_{c_2} = \sqrt{9.81 \cdot \frac{\dfrac{(5 + 5 + 2 \cdot y_{c2})}{2} \cdot y_{c2}}{5 + 2 \cdot y_{c2}}}$$

Sustituyendo v_{c2} en la anterior ecuación de conservación de la energía quedaría:

$$3 = y_{c2} + \frac{9.81 \cdot \dfrac{\dfrac{(5 + 5 + 2 \cdot y_{c2})}{2} \cdot y_{c2}}{5 + 2 \cdot y_{c2}}}{2g} \quad \rightarrow \quad y_{c2} = 2.1677 \; m$$

Y el caudal correspondiente se obtendrá:

$$Q = v_{c2} \cdot A_{c2} = \sqrt{9.81 \cdot \frac{\dfrac{(5 + 5 + 2 \cdot 2.17)}{2} \cdot 2.17}{5 + 2 \cdot 2.17}} \cdot \frac{(5 + 5 + 2 \cdot 2.17)}{2} \cdot 2.17$$

$$= 4.04 \cdot 15.54 = 62.78 \; \frac{m^3}{s}$$

Sólo quedaría comprobar que nos encontramos en una pendiente fuerte, para lo cual vamos a determinar el calado normal para el caudal calculado. Para ello usamos la fórmula de Manning

$$Q = A_n \cdot R_{H_n}^{2/3} \cdot \frac{i_n^{1/2}}{n_n} = \left(\frac{(5 + 5 + 2 \cdot y_n)}{2} \cdot y_n \right) \cdot \left[\frac{\dfrac{(5 + 5 + 2 \cdot y_2)}{2} \cdot y_n}{5 + 2 \cdot \sqrt{y_n^2 + y_n^2}} \right]^{2/3} \frac{0.03^{1/2}}{0.015}$$

$$y_n = 1.0473 \; m$$

El valor del calado normal (y_n=1.05 m) es menor que el calado crítico (y_c=2.17 m), por lo que estamos ante una pendiente fuerte. De igual manera, podemos calcular el número de Froude:

$$F_n = \frac{v_n}{\sqrt{g \cdot y_{m_n}}} = \frac{\dfrac{Q}{A_n}}{\sqrt{g \cdot \dfrac{A_n}{b_n}}} = \frac{\dfrac{31.3}{\dfrac{(5 + 5 + 2 \cdot 1.0473)}{2} \cdot 1.0473}}{\sqrt{9.81 \cdot \dfrac{\dfrac{(5 + 5 + 2 \cdot 1.0473)}{2} \cdot 1.0473}{5 + 2 \cdot 1.0473}}}$$

$$= \frac{9.9128}{\sqrt{9.81 \cdot \dfrac{6.3332}{7.0946}}} = 3.3498$$

Como el F_n > 1, el calado es supercrítico y, al ser el del calado normal, implica que la pendiente es fuerte, tal y como habíamos supuesto.

Problema 8.8.

El trasvase de agua entre dos depósitos distantes 10 Km entre sí se realiza mediante un canal rectangular de hormigón (n=0.014 m$^{-1/3}$·s) de ancho 3 m y perfil longitudinal mostrado en la figura. A mitad de recorrido (PK 5) se ha dispuesto una compuerta de igual ancho que el canal, apertura 2 m y coeficiente de contracción 0.61. Sabiendo que el caudal que circula por el canal es de 30 m³/s,

a) Determinar el calado normal, calado crítico y pendiente crítica asociada.

b) Justificar razonadamente el nivel que alcanzará el agua antes y después de la compuerta.

c) Dibujar el perfil de la lámina de agua determinando el tipo de curvas que se forman.

d) Si en el P.K. 2 (régimen permanente uniforme) se quiere medir el caudal que circula mediante un estrechamiento local del canal, determinar cuál sería el mínimo valor de éste para que no se produjera cambio de régimen.

Figura 142: Perfil longitudinal del canal de Problema 8.8.

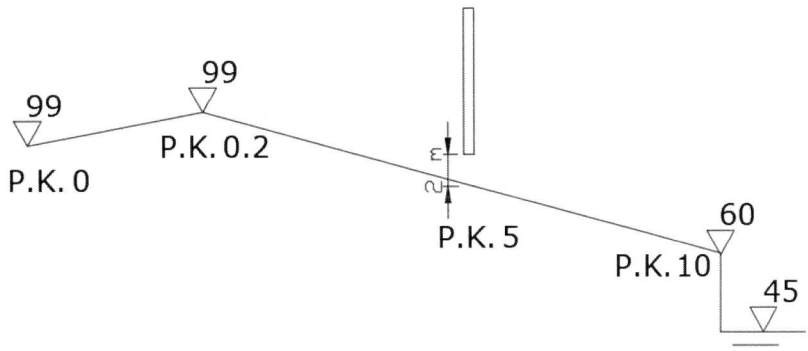

a) **Calado normal, calado crítico y pendiente crítica.**

El primer tramo (PK0-PK 0.2) se encuentra a contrapendiente, por lo que nunca podría alcanzar un régimen peramante uniforme, lo que implica que no habrá calado normal en este tramo.

Para determinar el calado normal en el segundo tramo, bastará con aplicar la ecuación de Manning igualando la pendiente la línea de energíka (I) a la pendiente del canal (i):

$$Q = A_2 \cdot R_{H_2}^{2/3} \cdot \frac{i_2^{1/2}}{n_2} = 30 = (3 \cdot y_n) \cdot \left[\frac{(3 \cdot y_n)}{(3 + 2 \cdot y_n)} \right]^{2/3} \cdot \frac{\left(\frac{100 - 60}{10000 - 200} \right)^{1/2}}{0.014}$$

$$y_n = 2.3252 \text{ m}$$

Calculamos, a continuación, el calado crítico, que en el caso de un canal rectangular, coincide con la profundidad hidráulica:

$$y_{m_c} = y_c = \sqrt[3]{\frac{Q^2}{b^2 \cdot g}} = \sqrt[3]{\frac{30^2}{3^2 \cdot 9.81}} = 2.1683 \ m$$

Como el calado crítico (y_c=2.1683 m) es menor que el calado normal (y_n=2.3252 m), entonces estamos ante un caso de pendiente suave.

La pendiente crítica se obtiene utilizando la fórmula de Manning, asumiendo que el calado normal es el calado crítico obtenido y teniendo como incógnita la pendiente del canal que buscamos:

$$Q = A_c \cdot R_{H_c}^{2/3} \cdot \frac{i_c^{1/2}}{n} = 30 = (3 \cdot 2.17) \cdot \left[\frac{(3 \cdot 2.17)}{(3 + 2 \cdot 2.17)}\right]^{2/3} \cdot \frac{i_c^{1/2}}{0.014}$$

$$i_c = 0.004894 \text{ m}$$

b) Niveles antes y después de la compuerta.

El calado aguas abajo de la compiuerta se puede obtener dirctamente a través de la apertura de la misma (a) y el coeficiente de contracción (C_c):

Figura 143: Localización de secciones para igulación de energías en compuerta de Problema 8.8.

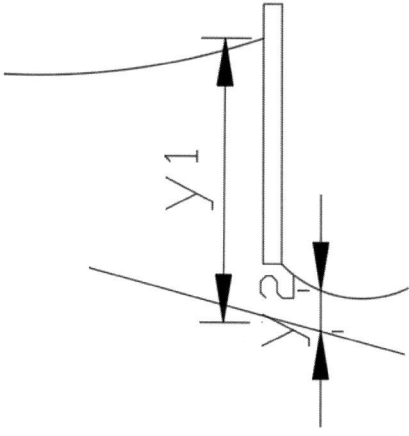

$$y_2 = a \cdot C_c = 2 \cdot 0.61 = 1.22 \, m$$

Para obtener el calado aguas arriba de la compuerta se utilizará el principio de conservación de energía entre la sección 1 (antes de la compuerta) y la sección 2 (tras la compuerta):

$$H_1 = H_2 + \Delta h_1^2$$

$$z_1 + y_1 + \frac{v_1^2}{2g} = z_2 + y_2 + \frac{v_2^2}{2g} + \Delta h_1^2$$

Considerando que la compuerta tiene un espesor despreciable, se puede considerar que la cota de ambos puntos es la misms ($z_1 = z_2$) y que las pérdidas de carga son despreciables, simplificándose la ecuación:

$$y_1 + \frac{v_1^2}{2g} = y_2 + \frac{v_2^2}{2g}$$

$$y_1 + \frac{\left(\frac{Q}{A_1}\right)^2}{2g} = y_2 + \frac{\left(\frac{Q}{A_2}\right)^2}{2g}$$

$$y_1 + \frac{\left(\frac{30}{3 \cdot y_1}\right)^2}{2g} = 1.22 + \frac{\left(\frac{30}{3 \cdot 1.22}\right)^2}{2g} \rightarrow y_1 = \begin{matrix} 4.64 \, m \\ 1.22 \, m \end{matrix}$$

De las dos soluciones positivas, se elige la que está dentro de un régimen lento, que corresponde con la primera ya que el agua se quedará retenida tras la compuerta, luego y_1 = 4.64 m.

c) **Perfil de lámina de agua.**

Para determinar los calados más representativos de los distintos flujos que se formarán a lo largo del canal, dividiremos éste en tres tramos correspondientes a las distintas condiciones de contorno a las que se verá sometido el flujo en el recorrido entre los dos depósitos (Fig. 144).

Como hemos comentado antes, el Tramo I es una pendiente adversa, luego las curvas que se formarán en el mismo serán tipo A. Considerando que todos los tramos tienen longitud suficiente para llegar al régimen permamente uniforme y siendo los tramos II y III pendientes suaves, el régimen permanente uniforme que se forme en tramo II impondrá la condición de contorno en el cambio I-II,

Figura 144: Diferenciación de tramos del canal de Problema 8.8.

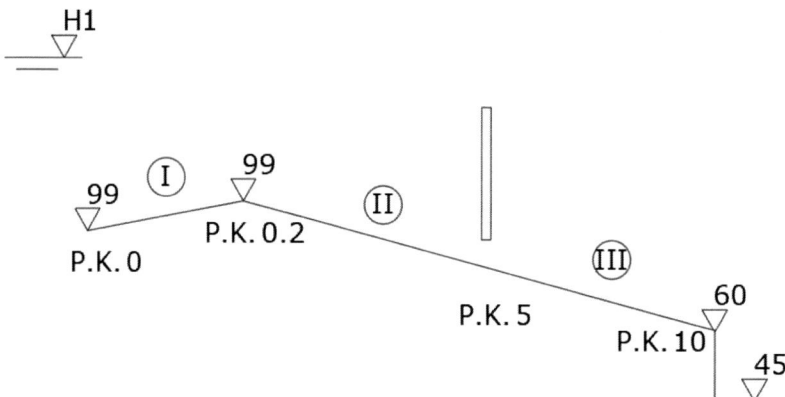

por lo que en el PK 0.2 se producirá el calado normal de los tramos II-III (y_n=2.3252 m). Desde este punto se mantndrá este calado, estando, por tanto, en un régimen permanente uniforme (RPU), hasta que se aproxime a la compuerta, donde el calado empezará a crecer hasta llegar al calado y_1 (4.64 m) aguas arriba de la compuerta, calculado anteriormente.La curva de remanso que se formará será una tipo M1, por estar en pendiente suave (M) y porque todos los calados en esta curva son mayores que los calados crítico y normal.

Figura 145: Perfil longitudinal de la lámina de agua en tramos I y II del canal de Problema 8.8.

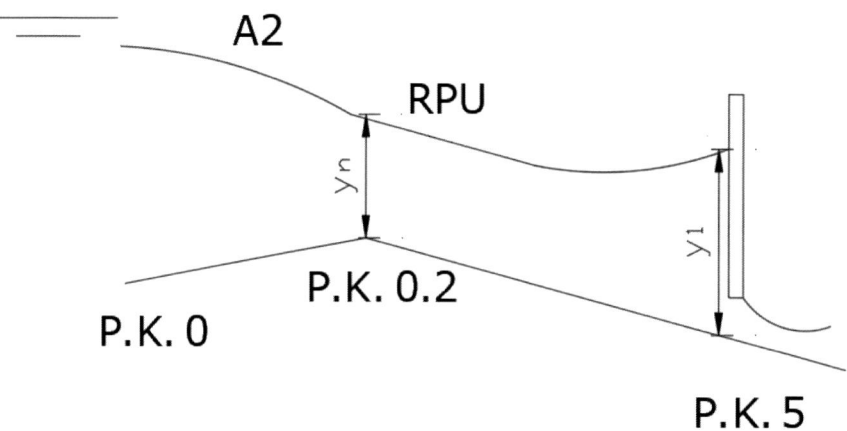

Aguas abajo de la compuerta se produce el calado y_2 (1.22 m), calculado anteriormente. Este calado es, obviamente, menor que el calado crítico y_c (2.17 m), resultando un régimen supercrítico o rápido, tras la compuerta. Como la longitud es suficiente para que se alcance de nuevo el régimen permanente uniforme (y_n), se deberá producir un resalto hidráulico aguas debajo de la compuerta para poder pasar del régimen rápido al régimen permanente uniforme lento propio de esta pendiente suave. Para calcular el resalto, tendremos como condición de contorno aguas abajo del resalto hidráulico el calado normal y_n, por lo que el calado conjugado lo obtendremos a partir de la fórmula de Belanger:

$$\frac{y_3}{y_4} = \frac{1}{2}\left(\sqrt{1 + 8 \cdot F_4{}^2} - 1\right)$$

Donde y_3 e y_4 son los calados antes y después del resalto hidráulico siendo, por tanto, calado en regímenes rápido y lento, respectivamente. En este caso, además, sabemos que $y_5 = y_n$, por lo que en nuestro caso quedaría:

$$y_3 = \frac{y_4}{2}\left(\sqrt{1 + 8 \cdot F_4{}^2} - 1\right) = \frac{y_n}{2}\left(\sqrt{1 + 8 \cdot \left(\frac{\frac{Q}{A}}{\sqrt{g \cdot y}}\right)^2} - 1\right)$$

$$= \frac{y_n}{2}\left(\sqrt{1 + 8 \cdot \left(\frac{\frac{Q}{A}}{\sqrt{g \cdot y}}\right)^2} - 1\right)$$

$$= \frac{2.32}{2}\left(\sqrt{1 + 8 \cdot \left(\frac{\frac{30}{(2.32 \cdot 3)}}{\sqrt{g \cdot 2.32}}\right)^2} - 1\right) = 2.0232 \; m$$

El calado a la salida de la compuerta es y_2=1.22 m, por lo que la transición entre éste e y_3=2.0232 m se producirá mediante una curva de remanso tipo M3, por encontrarse en pendiente suave y estar formada por calados inferiores al normal y al crítico. El perfil del agua a la salida de la compuerta seguirá el croquis de la Fig. 146.

El final del tramo III tiene una caida hidráulica. Como la pendiente es suave y se ha alcanzado el régimen permante uniforme trras la compuerta venimos en régimen lento, por lo que el calado que se producirá previo a la caída hidráulica será el crítico, produciéndose una curva tipo M2, al ser pendiente suave y todos los calados que la forman estar entre el normal (y_n) y el crítico (y_c).

igura 146: Resalto hidráulico a la salida de la compuerta del canal de Problema 8.8.

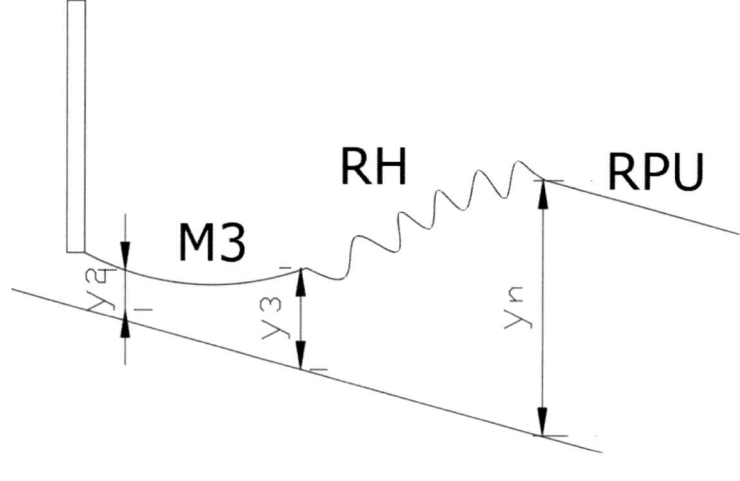

Figura 147: Perfil longitudinal de la lámina de agua al final del tramo III de la compuerta del canal de Problema 8.8.

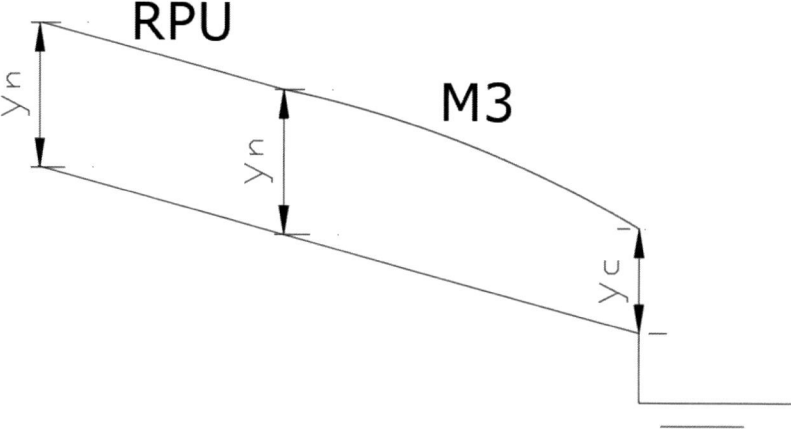

Finalmente, el perfil longitudinal de la lámina de agua a lo largo del canal quedaría de la suiguiente manera:

Figura 148: Perfil longitudinal de la lámina de agua del canal de Problema 8.8.

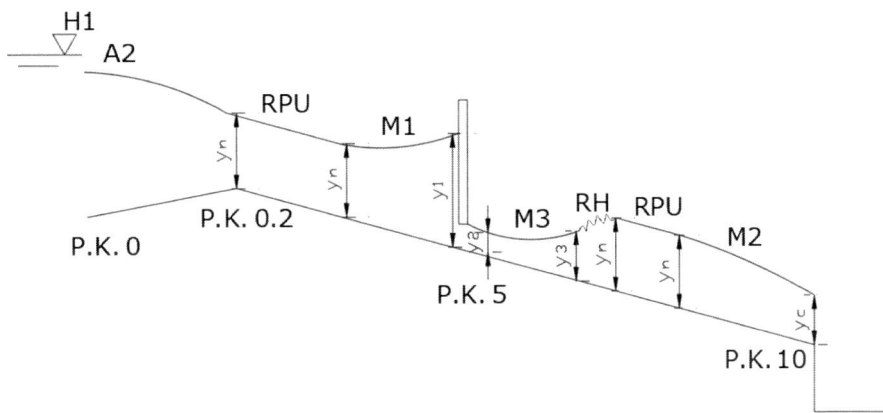

d) Ancho canal no se produzca cambio de régimen.

Como se trata de una reducción puntual, habrá que determinar el ancho mínimo que podrá tener este canal para que la energía que lleve previamente (en régimen permanente uniforme) sea suficiente para poder pasar por el estrechamiento, es decir, la energía específica crítica del estrecho.

$$H_p = H_e + \Delta h_p^e$$

$$z_p + y_p + \frac{v_p^2}{2g} = z_e + y_e + \frac{v_e^2}{2g} + \Delta h_p^e$$

$$y_p + \frac{v_p^2}{2g} = y_e + \frac{v_e^2}{2g}$$

$$y_p + \frac{v_p^2}{2g} = y_{ce} + \frac{v_{ce}^2}{2g} = \frac{3}{2} \cdot y_{ce}$$

$$2.3252 + \frac{\dfrac{30^2}{(3 \cdot 2.3252)^2}}{2g} = \frac{3}{2} \cdot y_{ce} \rightarrow y_{ce} = 2.1786 \, m$$

$$y_{ce} = \sqrt[3]{\frac{Q^2}{b^2 \cdot g}} = 2.1786 = \sqrt[3]{\frac{30^2}{b^2 \cdot g}} \rightarrow b = 2.978 \, m$$

243

El perfil del agua en el estrechamiento quedaría según la imagen siguiente, donde el paso se produciría mediante flujo rápidamente variado:

Figura 149: Planta y perfil longitudinal de la lámina de agua den el estrechamiento del canal de Problema 8.8.

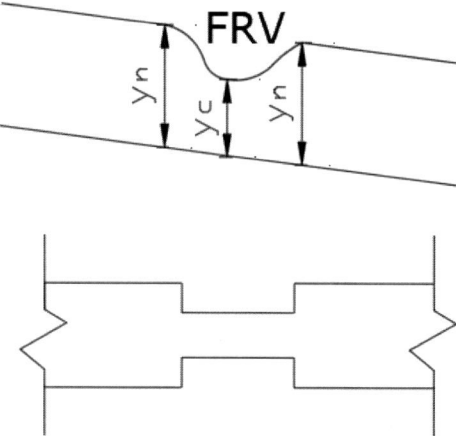

CAPÍTULO 9
HIDROLOGÍA

Problema 9.1.

A partir de los datos obtenidos de la estación meteorológica de Santander, calcular la media, la desviación estándar y el coeficiente de asimetría de la muestra.

Tabla 3: Precipitaciones máximas diarias en la estación meteorológica de Problema 9.1.

Año	Precipitación máxima diaria (mm)
1997/98	33.6
1998/99	46.8
1999/00	73.5
2000/01	45.1
2001/02	54.4
2002/03	39.7
2003/04	63.3
2004/05	58.1
2005/06	71.1
2006/07	59.0
2007/08	48.0
2008/09	44.6
2009/10	63.3

Para resolver el problema, primeramente, se elaborará la siguiente tabla para facilitar los cálculos:

Tabla 4: Cálculos estadísticos previos de Problema 9.1.

Año	Precipitación P (mm)	$(x - \bar{x})$	$(x - \bar{x})^2$	$(x - \bar{x})^3$
1997/98	33.6	-20,3	411,5	-8346,4
1998/99	46.8	-7,1	50,2	-355,6
1999/00	73.5	19,6	384,8	7547,3
2000/01	45.1	-8,8	77,2	-677,9
2001/02	54.4	0,5	0,3	0,1
2002/03	39.7	-14,2	201,2	-2854,0
2003/04	63.3	9,4	88,6	834,7
2004/05	58.1	4,2	17,8	74,9
2005/06	71.1	17,2	296,4	5102,1
2006/07	59.0	5,1	26,2	133,9
2007/08	48.0	-5,9	34,6	-203,8
2008/09	44.6	-9,3	86,2	-800,4
2009/10	63.3	9,4	88,6	834,7
$\sum$	700,5		1763,5	1289,6

Donde:

- Media: $\bar{x} = \dfrac{1}{n}\sum_{j=1}^{n} x_i = \dfrac{700.5}{13} = 53.88$ mm

- Varianza: $s^2 = \dfrac{1}{n-1}\sum_{i=1}^{n}\left(x_i - \bar{x}\right)^2 = \dfrac{1763.5}{12} = 146.96$ mm^2

- Desviación estándar: $s = \sqrt{146.96} = 12.12$ mm

- Coeficiente de asimetría:

$$C_s = \dfrac{n\sum_{i=1}^{n}\left(x_i - \bar{x}\right)^3}{(n-1)(n-2)s^3} = \dfrac{13 \cdot 1289.6}{12 \cdot 11 \cdot 12.12^3} = 0.071$$

Problema 9.2.

Se han obtenido de una estación de aforos situada en Perales del Alfambra (Teruel) los caudales máximos instantáneos anuales (en m³/s) registrados en dicha estación perteneciente a la cuenca del Júcar. La serie de datos registrada es la siguiente:

Tabla 5: **Caudales máximos** en la estación de aforos de Problema 9.2.

Año	1988	1989	1990	1991	1992	1993	1994	1995	1996	1997
Caudal	48.68	18.00	6.12	27.69	5.12	7.90	6.76	5.48	34.27	44.02
Año	1998	1999	2000	2001	2002	2003	2004	2005	2006	2007
Caudal	3.32	61.68	52.89	21.7	20.22	55.23	12.51	7.49	43.25	12.47

Se pide:

    a) Calcular la probabilidad de que el caudal supere los 35 m³/s y el periodo de retorno correspondiente.

    b) Calcular que caudal se superará un 10% de los casos.

    a) **Probabilidad y período retorno caudal supere 35 m³/s.**

En primer lugar, se obtienen los parámetros de la función de la Gumbel por el método de los momentos. Para ello calculamos la media aritmética y la desviación típica:

- Media aritmética:

$$\mu = \frac{1}{n}\sum_{i=1}^{n} x_i = 24.74 \, \text{m}^3/\text{s}$$

- Desviación típica:

$$\sigma = \left[\frac{1}{n-1}\sum_{i=1}^{n}\left(x_i - \overline{x}\right)^2\right]^{\frac{1}{2}}$$

Utilizamos la siguiente tabla para realizar los anteriores cálculos:

Tabla 6: **Cálculos estadísticos** previos de Problema 9.2.

Año	x_i	$x_i - \overline{x}$	$\left(x_i - \overline{x}\right)^2$	Año	x_i	$x_i - \overline{x}$	$\left(x_i - \overline{x}\right)^2$
1988	48.68	23.94	573.12	1998	3.32	-21.42	458.82
1989	18.00	-6.74	45.43	1999	61.68	36.94	1364.56
1990	6.12	-18.62	346.70	2000	52.89	28.15	792.42

1991	27.69	2.95	8.70	2001	21.70	-3.04	9.24
1992	5.12	-19.62	384.94	2002	20.22	-4.52	20.43
1993	7.90	-16.84	283.59	2003	55.23	30.49	929.64
1994	6.76	-17.98	323.28	2004	12.51	-12.23	149.57
1995	5.48	-19.26	370.95	2005	7.49	-17.25	297.56
1996	34.27	9.53	90.82	2006	43.25	18.51	342.62
1997	44.02	19.28	371.72	2007	12.47	-12.27	150.55
							7314.68

Por lo tanto.

$$\sigma = \left[\frac{1}{n-1} \sum_{i=1}^{n} \left(x_i - \overline{x} \right)^2 \right]^{\frac{1}{2}} = \left[\frac{1}{20-1} \cdot 7314.68 \right]^{\frac{1}{2}} = 19.62$$

Una vez obtenidas la media aritmética y la desviación típica. calculamos por el método de los momentos los parámetros de la función de Gumbel:

$$u = \mu - 0.450047 \cdot \sigma = 24.74 - 0.450047 \cdot 19.62 = 15.91$$

$$\alpha = \frac{\pi}{\sqrt{6} \cdot \sigma} = \frac{1.28254983}{\sigma} = \frac{1.28254983}{19.62} = 0.06537$$

Aplicamos la función de Gumbel para un caudal de 35 m³/s. La probabilidad de que se presente un caso menor que x será:

$$F(x) = EXP^{- EXP^{- \alpha(x - u)}} = EXP^{- EXP^{- 0.06537(35 - 15.91)}} = EXP^{- EXP^{-1.2479}} = 0.75 \approx 75$$

Por lo tanto. la probabilidad de que el caudal supere los 35 m³/s es de:

$$1 - F(x) = 1 - 0.75 = 0.25 = 25\%$$

Finalmente. el periodo de retorno es el inverso de la probabilidad:

$$T = \frac{1}{0.25} = 4 \text{ años}$$

b) Caudal superior 10% casos.

Si un caudal se superará el 10% de los casos, será inferior el 90%, es decir:
$$F(x) = 0.90$$

Conocidos los parámetros de la función que hemos calculado en el apartado anterior. se despeja de la función de Gumbel la variable x obteniendo dicho caudal:

$$\alpha(x - u) = -\ln(-\ln(F(x))) = -\ln(-\ln(0.90)) = 2.25$$

$$x = \frac{2.25}{0.06537} + 15.91 = 50.3 \ \text{m}^3/\text{s}$$

Problema 9.3.

Obtener las precipitaciones diarias máximas anuales asociadas a los periodos de retorno de 25, 50 y 100 años, a partir de los datos registrados en la estación meteorológica de Rota (Cádiz) durante los últimos diez años. Utilizar la distribución SQRT-ET máx.

Tabla 7: Precipitaciones máximas diarias en la estación meteorológica de Problema 9.3.

Año	Precipitación máxima diaria (mm)
2000/01	29.9
2001/02	30.7
2002/03	56.1
2003/04	73.7
2004/05	28.7
2005/06	57.4
2006/07	55.1
2007/08	50.4
2008/09	126.2
2009/10	58.2

La función de distribución SQRT-ET máx fue propuesta por Etoh et al. (1986), y es la siguiente:

$$F(x) = \exp\left[-k\left(1 + \sqrt{\alpha \cdot x}\right) \cdot \exp\left(-\sqrt{\alpha \cdot x}\right)\right]$$

donde:

$F(x)$ = probabilidad de que se presente un valor inferior a x

k, α = parámetros de la distribución, que dependen de la media y de la desviación típica

Para determinar estos parámetros, se sigue el método de Zorraquino (2004) que consta de los siguientes pasos:

1. Se calcula el coeficiente de variación, para ello es necesario conocer la media y la desviación estándar de la muestra, las cuales se han calculado análogamente al ejercicio resuelto correspondiente a los parámetros estadísticos, obteniendo los siguientes resultados:

$$\overline{x} = 56.6 \text{ mm}$$
$$s = 25.7 \text{ mm}$$

Por lo tanto, el coeficiente de variación es:

$$CV = \frac{s}{\overline{x}} = \frac{25.7}{56.6} = 0.454$$

2. En función del valor del coeficiente de variación (rango de aplicabilidad entre 0,19 y 0,99) se puede hallar el factor k como el siguiente polinomio:

$$k = \exp\left[\sum_{i=0}^{6} a_i \cdot \left[\ln(CV)\right]^i\right]$$

Donde los coeficientes a_i se definen a través de la tabla siguiente en función de si CV pertenece a alguno de los 3 tramos siguientes:

- Tramo 1: si $0.19 < CV \leq 0.30$

- Tramo 2: si $0.30 < CV \leq 0.70$

- Tramo 3: si $0.70 < CV \leq 0.99$

Tabla 7: Coeficientes a_i del Método de Zorraquino

	Tramo 1	Tramo 2	Tramo 3
a_0	-3978.19	1.801513	1.318615
a_1	-18497.5	2.473761	-3.16463
a_2	-35681.4	23.5562	-1.59552
a_3	-36581.5	49.95727	-6.26911
a_4	-21017.8	59.77564	-11.3177
a_5	-6471.12	35.69588	-22.6976
a_6	-813.381	8.505713	-22.0663

En este caso, el coeficiente de variación se encuentra en el tramo 2, por lo que aplicando la ecuación anterior se obtiene:

$$k = \exp\left[\sum_{i=0}^{6} a_i \cdot \left[\ln(CV)\right]^i\right] = \exp[4.281] = 72.341$$

El parámetro α se puede estimar como:

$$\alpha = \frac{k}{1 - e^{-k}} \frac{I_1}{2\bar{x}}$$

donde la integral I_1 se puede obtener en base a los mismos tramos definidos anteriormente mediante el coeficiente de variación, y se calcula a partir de la siguiente expresión:

$$I_1 = \exp\left[\sum_{i=0}^{6} b_i \left[\ln(k)\right]^i\right]$$

donde los coeficientes b_i se pueden obtener de la tabla siguiente:

Tabla 8: Coeficientes b_i del Método de Zorraquino

	Tramo 1	Tramo 2	Tramo 3
b_0	-0.93151	2.342697	2.307319
b_1	2.156709	-0.14978	-0.13667
b_2	-0.77977	-0.09931	-0.07504
b_3	0.112962	0.003444	-0.01346
b_4	-0.00934	0.001014	0.003228
b_5	0.000412	-0.00014	0.000521
b_6	$-7.5 \cdot 10^{-6}$	$5.49 \cdot 10^{-6}$	-0.00014

Se aplica la expresión anterior. y se obtiene:

$$I_1 = \exp\left[\sum_{i=0}^{6} b_i [\ln(k)]^i\right] = \exp[0.322] = 1.38$$

Sustituyendo se obtiene el parámetro α :

$$\alpha = \frac{k}{1-e^{-k}}\frac{I_1}{2x} = \frac{72.341}{1-e^{-72.341}}\frac{1.38}{2 \cdot 56.6} = 0.882$$

Con lo que queda completamente definida la función como:

$$F(x) = \exp\left[-k\left(1+\sqrt{\alpha \cdot x}\right)\cdot \exp\left(-\sqrt{\alpha \cdot x}\right)\right] = \exp\left[-72.341\left(1+\sqrt{0.882 \cdot x}\right)\cdot \exp\left(-\sqrt{0.882 \cdot x}\right)\right]$$

Ahora sólo bastaría con obtener la probabilidad de despejar de la anterior expresión el valor de la incógnita para los valores de probabilidad correspondientes a 25. 50 y 100 años. sabiendo que el período de retorno es el inverso de la probabilidad de que sea mayor:

Tabla 9: Caudales resultantes del Problema 9.3.

Período de retorno T (años)	1/T	F(x) = 1-1/T	Q (m³/s)
25	0.04	0.96	110.35
50	0.02	0.98	128.30
100	0.01	0.99	147.32

Problema 9.4.

Calcular el caudal de proyecto para una obra de drenaje longitudinal de acuerdo con la Instrucción 5.2-IC. para un periodo de retorno de 50 años en la cuenca de la rambla de las Casas de Moya situada en Murcia. Los datos para poder obtener el caudal son los siguientes:

- Longitud del cauce = 1.15 km

- Cota máxima = 1460 m

- Cota mínima = 1417 m

- Superficie de la cuenca = 4.50 km²

- Precipitación diaria máxima (Periodo de retorno 10 años) = $P_{d(T=10)}$ = 52 mm

- Precipitación diaria máxima (Periodo de retorno 50 años) = $P_{d(T=50)}$ = 75 mm

- Umbral de escorrentía = P_0 = 22 mm

Para calcular el caudal de proyecto, utilizaremos las fórmulas que se incluyen en la Instrucción de carreteras 5.2-IC. Al tratarse de una cuenca de área inferior a 50 km² se aplica el método racional. Además, al encontrarse en una región del Levante y Sureste peninsular, deberán de aplicarse a este método unas modificaciones. El caudal debe ser obtenido por el método racional y por el método racional adaptado a la región y ambos caudales obtenidos deberán ser comparados, adoptando el mayor de entre ambos.

1) MÉTODO RACIONAL:

En primer lugar, necesitamos la precipitación diaria máxima para el periodo de retorno de 50 años. Esta precipitación debe corregirse para cuencas de más de 1 km². El factor reductor se calculará con la siguiente fórmula:

$$K_A = 1 - \frac{\log Superficie \ (km^2)}{15} = 1 - \frac{\log \ (4.5)}{15} = 0.96$$

La precipitación diaria corregida (P_{dc}) la obtendremos multiplicando la precipitación diaria por el factor K_A:

$$P_{dc} = P_d \cdot K_A = 75 \cdot 0.96 = 71.73 \ mm$$

A continuación, calculamos el tiempo de concentración (t_c) de la cuenca a partir de la longitud del cauce (L_c) en km y la pendiente media (J_c) en m/m.

$$t_c = 0.3 \cdot \frac{L_c^{0.76}}{J_c^{0.19}} = 0.3 \cdot \frac{L_c^{0.76}}{\left(\dfrac{Cota\ máx - Cota\ mín}{L_c}\right)^{0.19}} = 0.3 \cdot \frac{1.15^{0.76}}{\left(\dfrac{1460 - 1417}{1150}\right)^{0.19}}$$

$$= 0.62\ horas$$

Se calcula la intensidad correspondiente al periodo de retorno T=50 para un tiempo igual al tiempo de concentración :

$$I_t = I_d \cdot \left(\frac{I_1}{I_d}\right)^{3,5287 - 2,5287 \cdot t^{0.1}} = 2.99 \cdot (10)^{3,5287 - 2,5287 \cdot 0.62^{0.1}} = 39.12\ mm/hora$$

siendo:

- $\dfrac{I_1}{I_d} = 10$ →Se obtiene del mapa de isolíneas adjunto (Figura 2.4 de la Instrucción 5.2-IC)

- $I_d = \dfrac{P_{dc}}{24} = \dfrac{71.73}{24} = 2.99$

- $t = t_c = 0.62\ horas$

Figura 150: Mapa del índice de torrencialidad (I_1/I_d) de la Norma 5.2-IC.

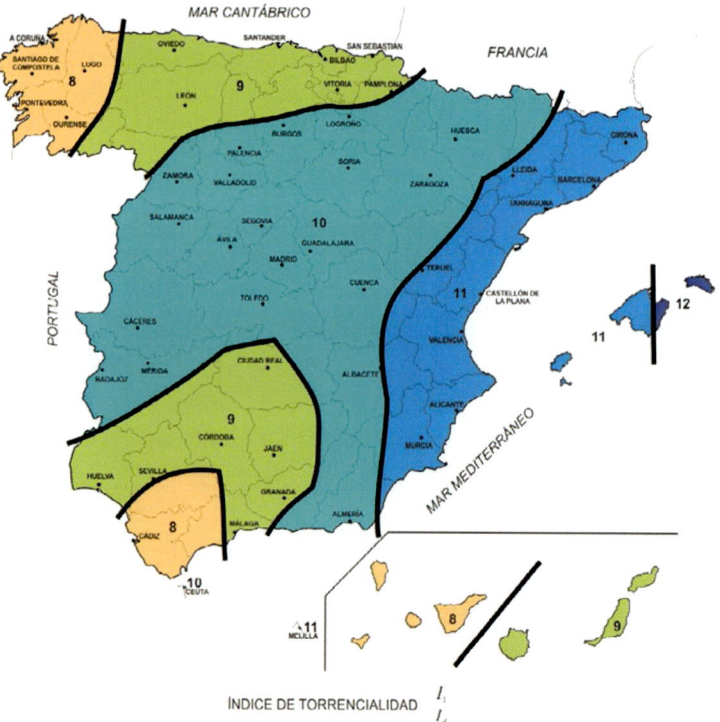

La formulación del método racional requiere una calibración con datos reales de la cuenca, que se introduce en el método a través de un coeficiente corrector del umbral de escorrentía β, quedando el umbral de escorrentía (P_0) igual a P_0 inicial (sin corregir) multiplicado por β (coeficiente corrector). El coeficiente corrector del umbral de escorrentía para drenaje longitudinal sería:

$$\beta^{PM} = \beta_m \cdot F_T = 2.10 \cdot 1 = 2.10$$

En las cuencas del Levante y Sureste peninsular se tomará F_T = 1 en el caso de los periodos de retorno superiores a 25 años. El valor del coeficiente β_m se toma de los datos de la tabla 2.5 de la Instrucción 5.2-IC, correspondientes a las regiones de la figura 2.9 de la Instrucción 5.2-IC (región 72).

Quedando el umbral de escorrentía:

$$P_0 = 22 \cdot 2.10 = 46.2 \; mm$$

Figura 151: Regiones para corrección del coeficiente corrector del umbral de escorrentía y coeficientes de la Región 72 de la Norma 5.2-IC.

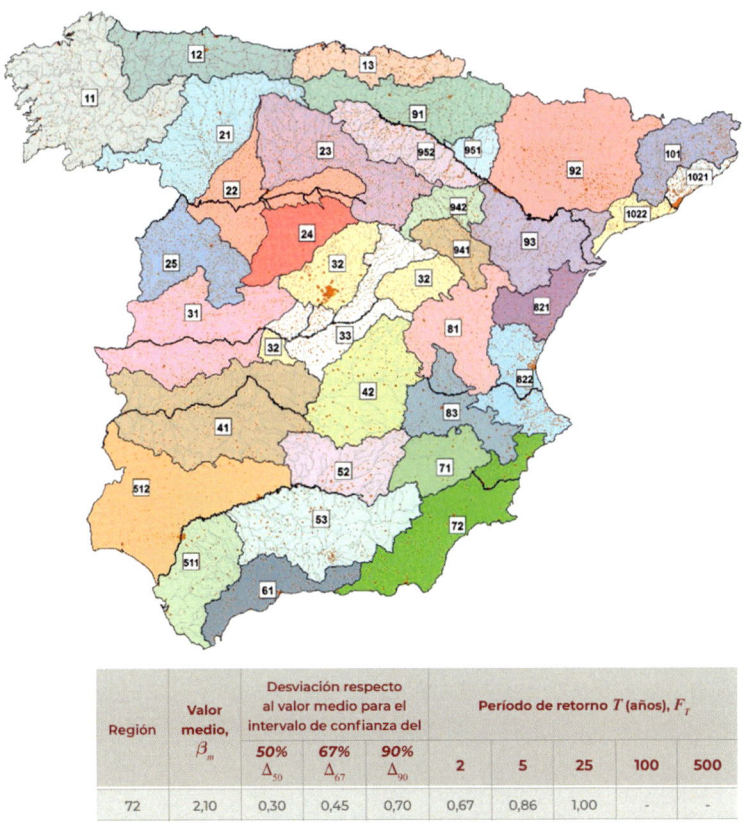

Región	Valor medio, β_m	Desviación respecto al valor medio para el intervalo de confianza del			Período de retorno T (años), F_T				
		50% Δ_{50}	67% Δ_{67}	90% Δ_{90}	2	5	25	100	500
72	2,10	0,30	0,45	0,70	0,67	0,86	1,00	-	-

A continuación, se calcula el coeficiente de escorrentía (C). Como $P_{dc} > P_0$ la fórmula a aplicar seria la siguiente:

$$C = \frac{\left(\frac{P_{dc}}{P_0} - 1\right) \cdot \left(\frac{P_{dc}}{P_0} + 23\right)}{\left(\frac{P_{dc}}{P_0} + 11\right)^2} = \frac{\left(\frac{71.73}{46.2} - 1\right) \cdot \left(\frac{71.73}{46.2} + 23\right)}{\left(\frac{71.73}{46.2} + 11\right)^2} = 0.09$$

Por último, calculamos el caudal de proyecto utilizando la siguiente fórmula:

$$Q = \frac{I_t \cdot K_t \cdot C \cdot A}{3.6}$$

donde:

A = superficie de la cuenca en km²

K_t = coeficiente de uniformidad temporal calculado con la siguiente fórmula:

$$K_t = 1 + \frac{t_c^{1.25}}{t_c^{1.25} + 14} = 1 + \frac{0.62^{1.25}}{0.62^{1.25} + 14} = 1.04$$

Siendo el caudal de proyecto:

$$Q_{50} = \frac{39.12 \cdot 1.04 \cdot 0.09 \cdot 4.5}{3.6} = 4.37 \ \frac{m^3}{s}$$

Por lo tanto, el caudal de proyecto para una obra de drenaje longitudinal para T=50 años calculado con método racional sería Q_{50}=4.37m³/s.

2) <u>MÉTODO DE CÁLCULO PARA LAS CUENCAS DEL LEVANTE Y SURESTE PENINSULAR:</u>

En cuencas inferiores a 50 km² del Levante y Sureste peninsular (regiones 72, 821 y 822 de la figura 2.9) y periodos de retorno superiores a 25 años (T>25), el caudal máximo para un periodo de retorno T (Q_T) se determina de la siguiente manera:

$$Q_T = \varphi \cdot Q_{10}^{\lambda}$$

Donde:

Q_{10} (m³/s) = caudal máximo anual correspondiente al periodo de retorno 10 años, calculado mediante el método racional con coeficiente corrector del umbral de escorrentía igual a β_m (tabla 2.5).

φ y λ = coeficiente y exponente propio de la región y del periodo de retorno (Tabla 10)

Tabla 10: Parámetros para el cálculo en cuencas pequeñas del levante y sureste peninsular (T>25 años) de la Norma 5.2-IC.

Región 72				
Periodo de retorno, T (años)	50	100	200	500
φ	3,0	4,0	7,6	13,3
λ	1,08	1,18	1,13	1,08

A continuación, calculamos el Q_{10} aplicando el método racional:

La precipitación máxima diaria corregida para T=10 años será:

$$P_{dc} = P_d \cdot K_A = 52 \cdot 0.96 = 49.74 \ mm$$

A continuación, se calcula la intensidad correspondiente al periodo de retorno T=10:

$$I_t = I_d \cdot \left(\frac{I_1}{I_d}\right)^{3,5287-2,5287 \cdot t^{0.1}} = 2.07 \cdot (10)^{3,5287-2,5287 \cdot 0.62^{0.1}} = 27.12 \ mm/hora$$

siendo:

- $\dfrac{I_1}{I_d} = 10$

- $I_d = \dfrac{P_{dc}}{24} = \dfrac{49.74}{24} = 2.07$

- $t = t_c = 0.62 \ horas$

Se corrige el umbral de escorrentía:

$$P_0 = 22 \cdot \beta_m = 22 \cdot 2.10 = 46.2 \ mm$$

Se calcula el coeficiente de escorrentía.

$$C = \frac{\left(\frac{P_{dc}}{P_0} - 1\right) \cdot \left(\frac{P_{dc}}{P_0} + 23\right)}{\left(\frac{P_{dc}}{P_0} + 11\right)^2} = \frac{\left(\frac{49.74}{46.2} - 1\right) \cdot \left(\frac{49.74}{46.2} + 23\right)}{\left(\frac{49.74}{46.2} + 11\right)^2} = 0.01$$

Por último, se calcula el caudal de proyecto:

$$Q_{10} = \frac{27.12 \cdot 1.04 \cdot 0.01 \cdot 4.5}{3.6} = 0.44 \ \frac{m^3}{s}$$

Para que la Tabla 10 sea aplicable y no sea necesario realizar un estudio especifico mediante métodos estadísticos o modelos hidrológicos, deben de cumplir simultáneamente las dos condiciones siguientes:

- El área de la cuenca debe ser inferior a 5 km^2
- El valor obtenido para el caudal correspondiente al periodo de retorno 100 años (Q_{100}) ha de ser inferior a 50 m^3/s

La primera condición se cumple. Para comprobar si se cumple la segunda condición calcularemos el Q_{100} de la siguiente manera:

$$Q_{100} = \varphi \cdot Q_{10}^{\lambda} = 4 \cdot 0.44^{1.18} = 1.52 \, \frac{m^3}{s}$$

Como Q_{100}< 50 m^3/s, la tabla 2.6 es aplicable, calculando el Q_{50} de la siguiente manera:

$$Q_{50} = \varphi \cdot Q_{10}^{\lambda} = 3 \cdot 0.44^{1.08} = 1.24 \, \frac{m^3}{s}$$

Por lo que el caudal de proyecto para una obra de drenaje longitudinal para T=50 calculado con las especificaciones para el Levante y Sureste peninsular sería 1.24 m^3/s.

El caudal que debe adoptarse es el mayor de entre ambos métodos. Por lo que el caudal de proyecto para nuestra obra de drenaje longitudinal será Q_{50} = 4.37 m^3/s que es el obtenido por el método racional sin aplicar la tabla 2.6.

Problema 9.5.

En la estación meteorológica de Murcia que puede considerarse representativa de la ciudad de Murcia, de unos 100 km^2 de extensión, disponemos de los valores medios de 30 años relativos a la precipitación (P) y a la evapotranspiración potencial (ETP) calculada según Thornthwaite, según se presentan en la tabla adjunta.

Se pide:

a) Calcular la Evapotranspiración Real (ETR), el déficit (DEF) o superávit (SUP) y la escorrentía (ESCT) producida, sabiendo que la reserva útil máxima del suelo (RU$_{max}$) es de 14 mm. Se supone que el día 1 de Octubre la reserva de agua utilizable (RU) está al 0%.

b) Cantidad total de agua que se necesita para satisfacer las necesidades de riego de la vegetación, sabiendo que cubre el 50% de la zona.

a) Cálculo ETR, DEF, SUP y ESCT

A partir de la RU$_{max}$ calculamos la ETR y el resto de variables según se muestra en la tabla adjunta mediante el método del balance hídrico:

Tabla 11: Cálculo de la evapotranspiración según Thornwaite

UNIVERSIDAD DE MURCIA LICENCIATURA EN CIENCIAS AMBIENTALES			CALCULO DE LA EVAPOTRANSPIRACIÒN SEGÚN THORNTHWAITE en la estación de MURCIA para el periodo												Longitud = 1°8' Latitud = 38° Altitud = 59 msnm		
ETP = F · 1,6 · (10 · t/I)^a						RESERVA UTIL = 14 mm								R.U. = mm		
	P mm	t °C	i	e	F	ETP mm	RU mm	ΔRU mm	ETR mm	DEF mm	SUP mm	ESCT mm	i$_h$	i$_a$	RU mm	ΔRU mm	ETR mm
Octubre	57					68	0	0	57	11	0	0					
Noviembre	27					37	0	0	27	10	0	0					
Diciembre	40					22	0	14	22		4	2					
Enero	26					18	14	0	18		8	6					
Febrero	22					23	14	-1	23		0	4					
Marzo	19					40	13	-13	32	8	0	0					
Abril	55					56	0	0	55	1	0	0					
Mayo	25					92	0	0	25	67	0	0					
Junio	11					132	0	0	11	121	0	0					
Julio	2					157	0	0	2	155	0	0					
Agosto	6					154	0	0	6	148	0	0					
Septiembre	30					115	0	0	30	85	0	0					
VALOR ANUAL	320		I			914			308	Σ DEF 606	Σ SUP 12	Σ ESCT 12	i$_h$	i$_a$			
CLASIFICACIÓN CLIMÁTICA		Indice Global			Ia = Ih - 0,p Ia =												
		Evapotranspiracion Potencial			ETP =												
		Indice de Andez o Humedad			Ih =												
		% ETP estival			% ETP =												

Para ello se realiza el balance hídrico mensual teniendo en cuenta lo siguiente:

- La reserva útil en un mes será la reserva del mes anterior más el incremento o menos la disminución en la reserva del mes previo, es decir, RU = RU (mes anterior) + ΔRU (mes anterior).

- Si P $\geq$ ETP, entonces ETR = ETP y el agua que sobra se almacena en el suelo aumentando la reserva útil hasta que alcance un valor máximo (RU_{max}). Si RU = RU_{max} entonces ΔRU = 0. Si P – ETR $\leq$ RU_{max}, ΔRU = P – ETR y si P – ETR > RU_{max}, ΔRU = RU_{max}. En este supuesto se producirá un exceso de agua (superávit = SUP = P – ETR - ΔRU) que generará escorrentía superficial o de recarga de acuíferos.

- Si P < ETP, entonces pueden producirse dos casos:
    - Que P + RU $\geq$ ETP, por lo que ETR = ETP.
    - Si P + RU < ETP, entonces ETR = P + RU y no hay reserva útil produciéndose un déficit en el suelo (DEF = ETP - ETR), que en zonas cultivadas habría de suplirse con agua de riego.
    - En estos casos, si P – ETR $\leq$ RU_{max}, ΔRU = P – ETR y si P – ETR > RU_{max}, ΔRU = RU_{max}.

- ESCT es el exceso de agua que pasa a ser escorrentía superficial. Se considera que la mitad del agua disponible (SUP) en un mes se convierte en escorrentía, y el resto, se transforma al mes siguiente. ESCT (mes actual) = SUP/2 (mes anterior) + SUP/2 (mes actual).

A continuación, se muestran los cálculos para 4 meses de la tabla:

- Diciembre: RU = RU(noviembre)+ ΔRU(noviembre) = 0 mm. Como P = 40 mm > ETP = 22 mm entonces ETR = ETP = 22 mm. Como P – ETR = 18 mm > RU_{max} = 14 mm, ΔRU = RU_{max} = 14 mm. SUP = P – ETR - ΔRU = 40 – 22 – 14 = 4 mm. ESCT = SUP/2 (noviembre) + SUP/2 (diciembre) = 0 + 2 = 2 mm.

- Enero: RU = RU(diciembre)+ ΔRU(diciembre) = 14 mm. Como P = 26 mm > ETP = 18 mm entonces ETR = ETP = 18 mm. Como RU = RU_{max} entonces ΔRU = 0 debido a que el suelo ya no admite más agua. SUP = P – ETR - ΔRU = 26 – 18 – 0 = 8 mm. ESCT = SUP/2 (diciembre) + SUP/2 (enero) = 2 + 4 = 6 mm.

- Febrero: RU = RU(enero)+ ΔRU(enero) = 14 mm. Como P = 22 mm < ETP = 23 mm y P + RU = 22 + 14 = 36 > ETP entonces ETR = ETP = 23 mm. Se evapotranspira el agua procedente de la precipitación y parte de la reserva contenida en el suelo por lo que ΔRU = P – ETR = 22 – 23 = -1 mm y no hay déficit. ESCT = SUP/2 (enero) + SUP/2 (febrero) = 4 + 0 = 4 mm.

- Abril: RU = RU(marzo)+ ΔRU(marzo) = 0 mm. Como P = 55 mm < ETP = 56 mm y P + RU = 55 < ETP entonces ETR = P + RU = 55 mm y no hay reserva útil. DEF = ETP – ETR = 56 – 55 = 1 mm.

Por último, hay que realizar unas comprobaciones para que el balance hídrico esté correcto:

$$ETP = ETR + \sum DEF$$
$$P = ETR + \sum SUP$$
$$\sum SUP = \sum ESCT$$

b) Volumen agua para cubrir 50% necesidades riego.

En agricultura de regadío hay que intentar que la diferencia ETP – ETR sea 0, o lo que es lo mismo, que las plantas siempre dispongan del agua suficiente para evapotranspirar lo que necesiten en cada momento. Se denomina demanda de agua de riego a dicha diferencia multiplicada por un coeficiente de eficiencia del transporte y aplicación (goteo, aspersión, etc.) del agua.

Por lo tanto, aplicado al ejercicio: ETP – ETR = DEF = 914 – 308 = 606 mm

Aplicando estas necesidades al 50% de la superficie de la zona (100 km^2 x 0.5 = 50 km^2 = 50·10^6 m^2), se obtiene la demanda de agua para los cultivos:

Volumen de agua = 50 x 106 m^2 x 606 l/m^2 = 30.3·10^9 l = 30300000 m^3 = 30.3 hm^3

Problema 9.6.

El alcalde pedáneo de Las Palas, pedanía ubicada en el término municipal de Fuente Álamo (Murcia) está muy preocupado por la falta de precipitaciones durante los últimos meses. Durante los 3 meses de verano (90 días) la población de dicha pedanía aumenta hasta los 90.000 habitantes gracias al turismo. Justo el día anterior al comienzo de la temporada de verano se produce una lluvia neta de 50 mm durante las dos primeras horas y de 30 mm durante las dos siguientes. Si el hidrograma unitario correspondiente a una hora de duración es el siguiente:

Tabla 12: Hidrograma unitario para Problema 9.6.

Tiempo (horas)	0	1	2	3	4	5
$Q\ (\dfrac{m^3}{s})$	0	1.6	3.6	1.8	0.6	0

Se pide:

a) ¿Generará esa lluvia reservas suficientes para abastecer a toda la población (Dotación = 250 $\dfrac{l}{hab \cdot día}$) o será necesario utilizar el agua procedente del Trasvase Tajo-Segura?

b) Determinar si se inundará la plaza del pueblo sabiendo que está diseñada para desaguar un máximo de 200 m^3/s.

a) Cálculo del volumen correspondiente al hidrograma:

A continuación, se realiza el cálculo del volumen correspondiente al hidrograma. A partir del hidrograma unitario (HU) dado se calculará la escorrentía que produce esa lluvia.

Para la obtención del hidrograma total producido (H$_{total}$) se realizan los cálculos tal y como se indican en la tabla:

Tabla 13: Hidrograma total de Problema 9.6.

t (horas)	HU$_{1h}$^{1mm}	HU$_{1h}$^{1mm}	HU$_{2h}$^{2mm}	HU$_{2h}$^{1mm}	50	30	H$_{total}$
0	0		0	0	0		0
1	1.6	0	1.6	0.8	40		40
2	3.6	1.6	5.2	2.6	130	0	130
3	1.8	3.6	5.4	2.7	135	24	159
4	0.6	1.8	2.4	1.2	60	78	138

5	0	0.6	0.6	0.3	15	81	96
6		0	0	0	0	36	36
7						9	9
8						0	0

Si se dispone del HU de una cuenca para 1 hora, basta con desplazar 1 hora ese mismo hidrograma para obtener el HU de la 2° hora y sumar ambos para obtener el HU correspondiente a una duración de 2 horas. Es decir, la 2° columna de la tabla es el HU correspondiente a la precipitación neta unidad (1 mm) de una duración de 1 hora. En la 3° columna está el HU de la precipitación neta unidad para la segunda hora. La 4° columna es la suma de los dos HU anteriores siendo el resultado el HU correspondiente a una precipitación de 2 mm de 2 horas de duración ($HU_{2h}{}^{2mm}$). La 5° columna es el HU correspondiente a una precipitación neta unidad para una duración de 2 horas ($HU_{2h}{}^{1mm}$), calculada a partir de $HU_{2h}{}^{2mm}$ dividido entre dos.

A partir del $HU_{2h}{}^{1mm}$ (5° columna), construimos el hidrograma producido por una precipitación neta de 50 mm durante las dos primeras horas y de 30 mm durante las dos siguientes. Si llueve 50 mm durante 2 horas, bastará con multiplicar por 50 los valores de todos los puntos del hidrograma ($HU_{2h}{}^{1mm}$) y lo mismo con la precipitación de 30 mm para las dos horas siguientes y a continuación sumar ambos hidrogramas obtenidos. Obteniendo así el hidrograma total (H_{total}) para las 4 horas de lluvia.

A partir del H_{total} (8°columna) se calculará el volumen total de agua producido en la precipitación estudiada. A partir de los caudales obtendremos el volumen multiplicando por el tiempo. Como disponemos de una serie de caudales correspondientes a incrementos de tiempo iguales, el volumen será:

$$Volumen = Q_1 \cdot \Delta t + Q_2 \cdot \Delta t + Q_3 \cdot \Delta t + \cdots = (Q_1 + Q_2 + Q_3 + \cdots) \cdot \Delta t$$

Para t = 0, el caudal es 0 m³/s, y para t = 1, el caudal es 40 m³/s por lo que el caudal medio en la primera hora (Q_1) es $\frac{0+40}{2} = 20$ m³/s.

Para t = 2, el caudal es 130 m³/s por lo que el caudal medio de la segunda hora (Q_2) es $\frac{40+130}{2} = 85$ m³/s. Y así sucesivamente con el resto de los caudales, quedando el cálculo del volumen de la siguiente manera:

$$Volumen = (20 + 85 + 144.5 + 148.5 + 117 + 66 + 22.5 + 4.5)\frac{m^3}{s} \cdot 3600\ s$$
$$= 2188800\ m^3 = 2.19\ hm^3$$

La demanda de la población es calculada a partir de la dotación:

$$Demanda = dotación \left(\frac{l}{hab \cdot día}\right) \cdot población \cdot días = 250 \cdot 90000 \cdot 90$$
$$= 2.025 \cdot 10^9 l = 2.03 \ hm^3$$

Por lo que se generarán reservas suficientes debido a que el volumen de agua producido en la precipitación dada ($2.19 \ hm^3$) es mayor a la demanda de la población ($2.03 \ hm^3$).

b) Determinar si se inundará la plaza del pueblo sabiendo que está diseñada para desaguar un máximo de 200 m³/s.

El máximo caudal producido por la precipitación analizada es alcanzado tras 3 horas desde el comienzo de la tormenta. Como el caudal punta del hidrograma (159 m³/s) es menor que la capacidad máxima de desagüe de la plaza (200 m³/s), la plaza no se inundará.

Problema 9.7.

Utilizando los registros hidrológicos históricos de la cuenca hidrológica del embalse del Cenajo de 2602 km² de superficie, se estimó que el promedio anual de lluvias es de 32.5 cm, y el promedio anual de escorrentía es de 7.8 cm. El embalse ocupa una superficie en su cota mínima de 1732 hectáreas, y se pretende abastecer de agua a una población cercana. Se ha estimado que la evaporación anual sobre la superficie del embalse es de 26.9 cm.

Se pide:

a) Determinar el caudal promedio anual disponible que puede retirarse del embalse para abastecer a esa población considerando que el embalse ha mantenido durante todo el año su cota mínima de explotación.

b) Calcular el coeficiente de escorrentía de la cuenca.

c) Si el embalse del Cenajo tiene como volúmenes promedio históricos de entrada y salida para los meses de enero, febrero y marzo en hm³ los adjuntos a continuación, y el almacenamiento al principio del mes de enero es de 125.6 hm³. Determinar el almacenamiento al final de marzo aplicando la ecuación general del balance hidrológico para un sistema en un tiempo discreto.

Tabla 14: Volúmenes promedio históricos del embalse de Cenajo de Problema 9.7

	Entradas	Salidas
Enero	18.7	6.5
Febrero	25.2	6.1
Marzo	25.9	12.2

a) **Caudal promedio anual para extraer**

Balance Hidrológico: Entradas – Salidas = ΔReservas

Entradas:

Precipitación sobre el embalse = $325 \frac{l}{m^2} \cdot 1732 \ ha \cdot 10000 \frac{m^2}{ha} = 5.6 \cdot 10^9 \ l$

$= 5.6 \ hm^3$

Escorrentía = $78 \frac{l}{m^2} \cdot 2602 \ km \cdot 10^6 \frac{m^2}{km} = 203 \cdot 10^9 \ l = 203 \ hm^3$

Salidas:

Evaporación $= 269 \dfrac{l}{m^2} \cdot 1732 \; ha \cdot 10000 \dfrac{m^2}{ha} = 4.7 \cdot 10^9 \; l = 4.7 \; hm^3$

La infiltración es 0 porque el suelo es impermeable.

Por lo tanto,

ΔReservas = Entradas - Salidas = 203 + 5.6 − 4.7 = 203.9 hm³

El caudal promedio anual disponible para abastecer a esa población es de

$$203.9 \; \dfrac{hm^3}{año}$$

b) Coeficiente de Escorrentía

$$\alpha = \frac{Escorrentía}{\Pr ecipitación} = \frac{7.8}{32.5} = 0.24$$

c) Almacenamiento al final de marzo

Aplicando la ecuación general del balance hidrológico se obtiene:

Tabla 15: Volúmen almacenado en el período enero-marzo del embalse de Cenajo de Problema 9.7

	Entradas	Salidas	Diferencia	Volumen
Enero	18.7	6.5	12.2	137.8
Febrero	25.2	6.1	19.1	156.9
Marzo	25.9	12.2	13.7	**170.6**

El agua almacenada al final de marzo resulta ser 170.6 hm³.

Problema 9.8.

Sobre la cuenca de la rambla del Albujón, cuya superficie es de 677.77 km²
cae una lluvia bruta de 100 mm. Se pide:

a) Calcular la precipitación neta suponiendo un grado de humedad
del suelo medio

b) Teniendo en cuenta que no hubo ninguna precipitación durante
la semana anterior, obtener en este caso la precipitación neta.

Para ello se cuenta con la siguiente información:

- El mapa de usos del suelo de la cuenca es:

Figura 152: Mapa de usos del suelo de la cuenca del Problema 9.8.

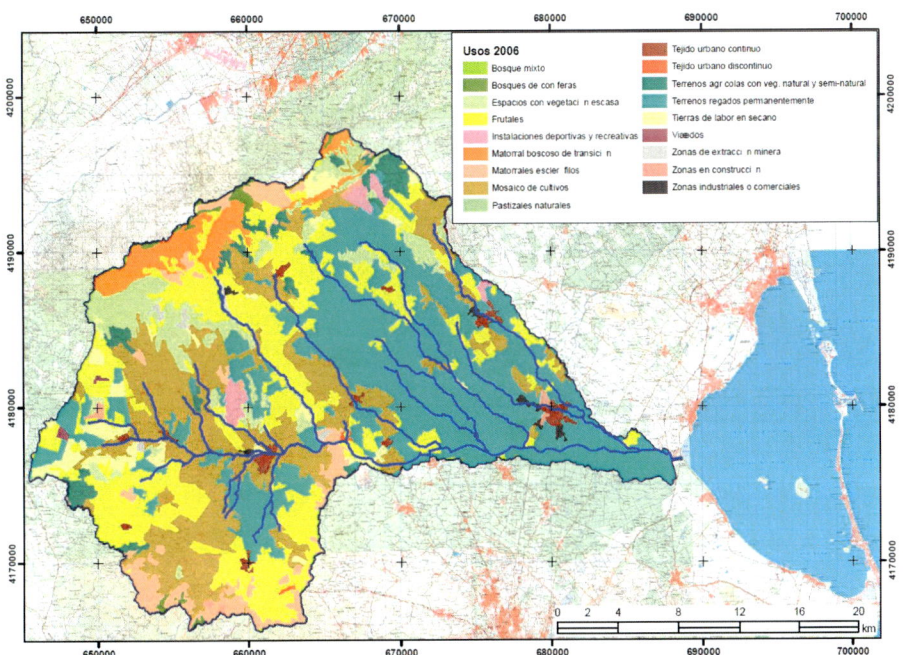

Estos usos del suelo se pueden transformar a la clasificación de usos del
suelo de método del SCS obteniendo los siguientes resultados:

Tabla 16: Distribución de usos del suelo de la cuenca del Problema 9.8.

Barbecho	0.82%	Plantaciones regulares de aprovechamiento forestal pobre	46.84%
Cereales de invierno	2.98%	Pradera pobre	7.44%
Masa forestal espesa	0.68%	Rocas impermeables	1.61%

Masa forestal media	7.76%	Rocas permeables	0.10%
Masa forestal muy espesa	0.02%	Rotación de cultivos densos	31.75%

- La pendiente media de la cuenca de la rambla del Albujón se puede considerar igual o menor al 3%.

- El mapa de tipos de suelos de la cuenca es:

Figura 153: Mapa de tipos de suelo de la cuenca del Problema 9.8.

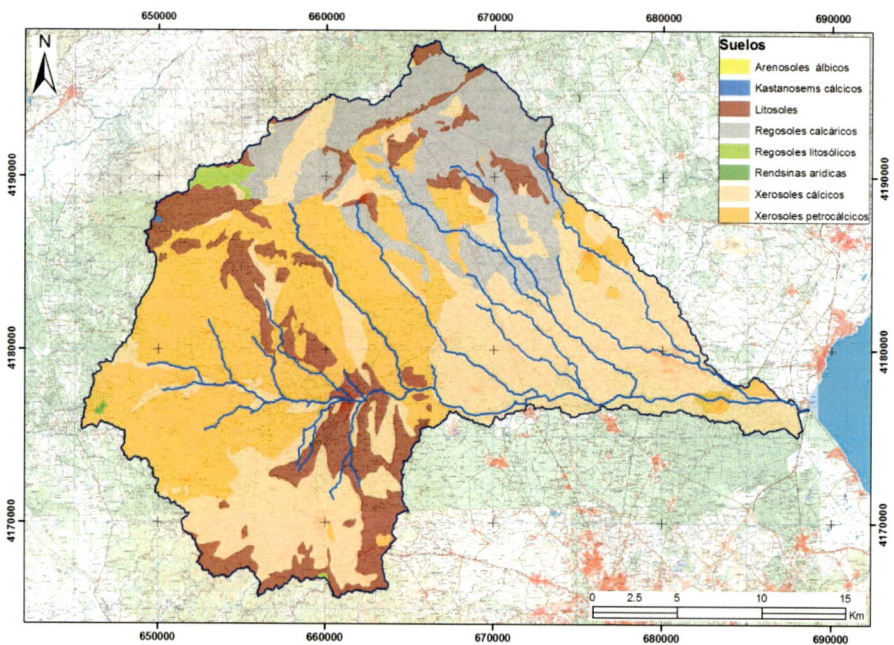

Si se relaciona los distintos tipos de suelos con la clasificación del SCS, tanto los kastanosems, como los regosoles y los xerosoles se pueden asimilar a suelos tipo B, mientras que los litosoles y las rendsinas arídicas son suelos tipo C. Se desprecia la presencia de los arenosoles álbicos. Esto se resume en un 85.7% de suelo tipo B, y un 14.3% de suelo tipo C.

a) Precipitación neta con humedad media.

En primer lugar, se calcula el umbral de escorrentía (P_0). Este dato aparece tabulado en función del uso de la superficie (bosque, cultivo, etc.), de la pendiente y del tipo de suelo (A, B, C ó D, de más arenoso y permeable a más arcilloso e impermeable). Estos cálculos se muestran en la tabla siguiente:

Tabla 17: Cáculo del número de curva para la cuenca del Problema 9.8.

Uso del Suelo	Grupo hidrológico del suelo					
	B (85.7%)			C (14.3%)		
	%	CN	Prod.	%	CN	Prod.
Barbecho	0.82	14	0.1148	0.82	11	0.0902
Cereales de invierno	2.98	21	0.6258	2.98	14	0.4172
Masa forestal espesa	0.68	47	0.3196	0.68	31	0.2108
Masa forestal media	7.76	34	2.6384	7.76	22	1.7072
Masa forestal muy espesa	0.02	65	0.0130	0.02	43	0.0086
Plantaciones regulares de aprovechamiento forestal pobre	46.84	34	15.9256	46.84	19	8.8996
Pradera pobre	7.44	25	1.8600	7.44	12	0.8928
Rocas impermeables	1.61	4	0.0644	1.61	4	0.0644
Rocas permeables	0.10	5	0.0050	0.10	5	0.005
Rotación de cultivos densos	31.75	25	7.9375	31.75	16	5.0800
			29.3893			17.3758

$$P_0 = 0.857 \times 29.3893 + 0.143 \times 17.3758 = 27.67$$

A partir del umbral de escorrentía, se calcula la precipitación neta aplicando la fórmula siguiente:

$$P_n = \frac{(P - P_0)^2}{P + 4P_0}$$

donde:
P = Precipitación total registrada
P_n = Precipitación neta
P_0 = abstracción inicial o umbral de escorrentía
sustituyendo,

$$P_n = \frac{(P - P_0)^2}{P + 4P_0} = \frac{(100 - 27.67)^2}{100 + 4 \cdot 27.67} = 24.83 \approx 25 \, \text{mm}$$

b) Precipitación neta sin humedad previa.

Al no haberse producido lluvia alguna durante la semana previa, el suelo estará seco, por lo que todas las abstracciones serán mayores. Se ha de corregir el umbral de escorrentía, ya que en estas condiciones éste debe ser mayor que el calculado en el apartado anterior. Para ello se utiliza la siguiente ecuación:

$$P_0(I) = P_0(II) \cdot 2.31 = 27.67 \cdot 2.31 = 63.92$$

Aplicando la misma ecuación para el cálculo de la precipitación neta, se obtiene que:

$$P_n = \frac{(P - P_0)^2}{P + 4P_0} = \frac{(100 - 63.92)^2}{100 + 4 \cdot 67.92} = 3.5 \, \text{mm}$$

Problema 9.9.

En la estación de aforos de Ojedo, situada sobre el río Deva y perteneciente a la red de control de la Confederación Hidrográfica del Cantábrico, se han realizado las siguientes mediciones:

Tabla 18: Caudales y calados en la estación de aforos de Ojedo del Problema 9.9.

Fecha	Q (l/s)	h (m)
05/10/2007	3.225	0.46
09/11/2007	0.747	0.18
20/12/2007	1.126	0.24
08/01/2008	1.751	0.32
10/02/2008	1.581	0.30
27/03/2008	14.970	1.00
13/04/2008	8.616	0.77
06/05/2008	5.602	0.62
23/06/2008	4.616	0.56
03/07/2008	2.530	0.40
08/08/2008	0.637	0.16
02/09/2008	0.535	0.14

Si $h_0 = 0$, obtener la curva de gastos mediante un análisis de regresión lineal.

La curva de gastos responde a una ecuación del tipo $Q = K(h - h_o)^n$

donde:

n = exponente

K = constante

h = altura de la lámina de agua

h_o = altura de la lámina de agua cuando $Q = 0$

Q = caudal

Como $h_o = 0$, la curva de gastos se simplifica: $Q = K \cdot h^n$

Tomando logaritmos: $\log Q = \log K + n \cdot \log h$

Mediante el análisis por regresión lineal, se quiere obtener una recta del tipo:

$$y = mx + C$$

Para ello, se realizan los cálculos mediante la tabla siguiente:

Tabla 19: Cálculos para sjute regresión lineal de Problema 9.9.

N°	Q	h	log Q = y	log h = x	x^2	y^2	xy
1	0.535	0.14	-0.272	-0.854	0.729	0.074	0.232
2	0.637	0.16	-0.196	-0.796	0.633	0.038	0.156
3	0.747	0.18	-0.127	-0.745	0.555	0.016	0.094
4	1.126	0.24	0.052	-0.620	0.384	0.003	-0.032

5	1.581	0.30	0.199	-0.523	0.273	0.040	-0.104
6	1.751	0.32	0.243	-0.495	0.245	0.059	-0.120
7	2.530	0.40	0.403	-0.398	0.158	0.163	-0.160
8	3.225	0.46	0.509	-0.337	0.114	0.259	-0.171
9	4.616	0.56	0.664	-0.252	0.063	0.441	-0.167
10	5.602	0.62	0.748	-0.208	0.043	0.560	-0.155
11	8.616	0.77	0.935	-0.114	0.013	0.875	-0.106
12	14.970	1.00	1.175	0.000	0.000	1.381	0.000
Σ			4.334	-5.340	3.211	3.908	-0.535

$$C = \frac{\left(\sum y\right)\left(\sum x^2\right)-\left(\sum x\right)\left(\sum xy\right)}{N\left(\sum x^2\right)-\left(\sum x\right)^2} = \frac{(4.334)(3.211)-(-5.340)(-0.535)}{12(3.211)-(-5.340)^2} = 1.104$$

$$m = \frac{N\left(\sum xy\right)-\left(\sum x\right)\left(\sum y\right)}{N\left(\sum x^2\right)-\left(\sum x\right)^2} = \frac{12(-0.535)-(-5.340)(4.334)}{12(3.211)-(-5.340)^2} = 1.67$$

Por lo tanto,

$$\log Q = 1.104 + 1.67 \cdot \log h \rightarrow \log K = 1.104 \rightarrow K = 12.71$$

$$Q = 12.71 \cdot h^{1.67}$$

Por último, se calcula el coeficiente de correlación lineal para comprobar la calidad del ajuste:

$$S_y^2 = \frac{\sum y^2 - \dfrac{\left(\sum y\right)^2}{N}}{N-1} = \frac{3.908 - \dfrac{4.334^2}{12}}{12-1} = 0.213$$

$$S_{yx}^2 = \frac{\sum y^2 - C\sum y - m\sum xy}{N-2} = \frac{3.908 - 1.104 \cdot 4.334 - 1.67 \cdot (-0.535)}{12-2} = 0.0016714$$

$$r = \left(1 - \frac{0.0016714}{0.213}\right)^{\frac{1}{2}} = 0.996$$

BIBLIOGRAFÍA

Zorraquino J.C. El modelo SQRT-ET$_{MAX}$. *Revista de Obras Públicas,* (3,447): 33-37. Madrid, España. Septiembre, 2004.